BestMasters

Weitere Informationen zu dieser Reihe finden Sie unter
http://www.springer.com/series/13198

Mit „BestMasters" zeichnet Springer die besten Masterarbeiten aus, die an renommierten Hochschulen in Deutschland, Österreich und der Schweiz entstanden sind. Die mit Höchstnote ausgezeichneten Arbeiten wurden durch Gutachter zur Veröffentlichung empfohlen und behandeln aktuelle Themen aus unterschiedlichen Fachgebieten der Naturwissenschaften, Psychologie, Technik und Wirtschaftswissenschaften.

Die Reihe wendet sich an Praktiker und Wissenschaftler gleichermaßen und soll insbesondere auch Nachwuchswissenschaftlern Orientierung geben.

Markus Riegler

Compliance im Netzbetrieb

Prozessanpassungen bedingt durch den
Network Code on Electricity Balancing

Markus Riegler
Wien, Österreich

BestMasters
ISBN 978-3-658-13242-2   ISBN 978-3-658-13243-9   (eBook)
DOI 10.1007/978-3-658-13243-9

Die Deutsche Nationalbibliothek verzeichnet diese Publikation in der Deutschen Nationalbibliografie; detaillierte bibliografische Daten sind im Internet über http://dnb.d-nb.de abrufbar.

Gedruckt auf säurefreiem und chlorfrei gebleichtem Papier

Springer Vieweg ist Teil von Springer Nature
Die eingetragene Gesellschaft ist Springer Fachmedien Wiesbaden GmbH

Inhaltsverzeichnis

Abbildungsverzeichnis

Tabellenverzeichnis

Abkürzungsverzeichnis

ACER	Agency for the Cooperation of Energy Regulators
APG	Austrian Power Grid AG
AOF	Activation Optimisation Function
BEGCT	Balancing Energy Gate Closure Time
BRP	Balancing Responsible Party
BSP	Balancing Service Provider
CMO	Common Merit Order
CoBA	Coordinated Balancing Area
CPOF	Capacity Procurement Optimisation Function
EB	Electricity Balancing
ENTSO-E	European Network of Transmission System Operators – Electricity
FCR	Frequency Containment Reserve
FG	Framework Guideline
FRR	Freqency Restoration Reserve aFRR = automatic FRR = mit automatischer Aktivierung mFRR = manual FRR = mit manueller Aktivierung
LFC&R	Load-Frequency Control and Reserves
NC	Networkcode
RR	Replacement Reserve
UCTE	Union for the Coordination of Transmission of Electricity
ÜNB	Übertragungsnetzbetreiber
TBCF	Transfer of Balancing Capacity Function
TSO	Transmission System Operator (gleichbedeutend mit ÜNB)
TTSF	TSO-TSO Settlement Function
UA	Ungewollter Austausch
WACC	Weighted Average Cost of Capital
WPM	Wirtschaftlichkeitsrechnung auf Basis von Prozessmodellen

Abstract Deutsch

FH Kufstein
„Europäische Energiewirtschaft"
Kurzfassung der Masterarbeit:
COMPLIANCE IM NETZBETRIEB -
SYSTEMATISCHE ADAPTIERUNG DER PROZESSE IM NETZBETRIEB,
IM HINBLICK AUF DEN AKTUELLEN STAND DES NETWORKCODE ON
ELECTRICITY BALANCING
Verfasser: Markus Riegler, B.A.
Erstbetreuer: Prof. (FH) Dr.-Ing. Wolfgang Woyke
Zweitbetreuer: Prof. (FH) Dr. Wolfgang Berger

Die Wirkleistungs- / Frequenzregelung ist eine der Kernaufgaben eines
Übertragungsnetzbetreibers. Dieser ist sowohl für deren Einsatz, als auch für
deren Beschaffung bzw. Bereitstellung verantwortlich. Bis vor wenigen Jahren
war eine marktbasierte Beschaffung von Regelreserven in Europa eher eine
Ausnahme. Auch in Österreich wurde Sekundärregelung bis Ende 2011 über
Monopolverträge bereitgestellt. Seit 2012 gibt es auch dafür, als letzte
Regelungsart, eine wöchentliche Ausschreibung.
Das dritte Energiebinnenmarktpaket sieht eine weitere Öffnung der Regelenergiemärkte vor. Diese Märkte sollen sich nicht nur national entwickeln,
sondern darüber hinaus einen grenzüberschreitenden Austausch von
Regelreserven und Regelenergie ermöglichen. Diese Anforderung findet Eingang
im Networkcode on Electricity Balancing, wo die Rahmenbedingungen für einen
integrierten europäischen Markt für diese Regelungsdienstleistungen gesetzt
werden. Über Interimsmodelle, wie lokale Coordinated Balancing Areas und
regionale Integrationsmodelle, soll dieser gesamteuropäische Markt geschaffen
werden.
Die Vorschriften des Networkcodes müssen dazu von den Übertragungsnetzbetreibern umgesetzt werden. Sie müssen diese in ihren internen Prozessabläufen berücksichtigen und diese entsprechend ausgestalten. Daraus ergibt sich
die Fragestellung welche Ausgestaltungsformen der Prozesse am besten geeignet
sind um diese Aufgaben zu erfüllen.

Um dies herauszufinden, beschreibt diese Masterarbeit die für eine operative Prozessgestaltung relevanten Inhalte des Networkcode on Electricity Balancing und entwirft, darauf aufbauend, zwei Prozesslandschaften nach unterschiedlichen Prämissen. Bei der ersteren sollen die zu bewerkstelligenden Aufgaben soweit wie möglich im Verantwortungsbereich der Übertragungsnetzbetreiber verbleiben. Die zweite beschreibt ein Szenario in dem so viele Aufgaben wie möglich an zentrale europäische Entitäten delegiert werden sollen.

Abgesehen von jenen Prozessteilen bei denen eine Delegation an zentral operierenden Funktionen nicht möglich ist, werden die beiden erarbeiteten Prozesslandschaften einander vergleichend gegenübergestellt, um den zeitlichen und monetären Aufwand für beide Ausgestaltungsvarianten zu bestimmen.

Die beiden Ausgestaltungsvarianten unterscheiden sich aber nicht nur im direkten Aufwand des Prozessdurchlaufs, sondern bedingen auch unterschiedliche Investitionen und Wartungsaufwände in die IT-Infrastruktur. Auch eine Abschätzung dieser Aufwände wird für die beiden Varianten gegenübergestellt.

Bei einer monetären Bewertung sowohl der Prozessabläufe als auch der dafür notwendigen IT-Systeme zeigt sich, dass eine zentralisierte Ausgestaltung die effizientere Variante darstellt.

Abstract English

FH Kufstein
„European Energy Business"
Short version of the master thesis:
COMPLIANCE IN GRID OPERATION -
SYSTEMATIC ADAPTION OF PROCESS MODELS IN GRID OPERATION,
REGARDING THE CURRENT STATE OF THE NETWORKCODE ON
ELECTRICITY BALANCING
Author: Markus Riegler, B.A.
First Evaluator: Prof. (FH) Dr.-Ing. Wolfgang Woyke
Second Evaluator: Prof. (FH) Dr. Wolfgang Berger

The load-frequency-control of the power grid in its control area is one of the

was carried out by long-term monopoly contracts until 2011. Since 2012 there
are weekly tenders also for secondary control reveres. For Primary and Tertiary
Control reserves a weekly tendering process had been implemented before that.
With the third energy market liberalisation package the European Union strives
for a further liberalisation of the markets for balancing. These markets are not
only supposed to develop on a national level, but also to foster cross border
exchange of balancing reserves and balancing energy. These requirements are
reflected by the Network Code on Electricity Balancing. This network code sets
the outlines for the future of an integrated European market for balancing
services. Creating a pan-European balancing market shall be accomplished by
implementing subsequent local and regional integration models via so called
Coordinated Balancing Areas.
To achieve this, the transmission system operators have to realize the provisions
given in the network code in their internal processes and alter them accordingly.
Here the question arises, which process model is the most efficient one to reach
compliance with the Network Code on Electricity Balancing.

To investigate that, this master thesis provides the contents of the Network Code on Electricity Balancing, relevant for creating operational process models. Based on these contents two process landscapes are designed, taking into account different propositions.

The first alternative shows a possible process model where as many tasks as possible remain with the transmission system operators. The second one shows a scenario, in which as many tasks as possible are delegated to entities that operate centralized. Apart from processes where such a delegation is not possible, the developed process models are compared to each other, to determine the differences in costs and efforts.

The two alternatives do not only differ in costs for executing the processes but also in the necessary investments and maintenance for the needed IT-infrastructure. The costs for these positions are also determined for each alternative and compared to each other.

After a monetary evaluation of both, the costs for executing the processes and the cost for the IT-systems, a centralized arrangement proves to be the more efficient.

1 Einleitung

Mit dem dritten Binnenmarktpaket hat die Europäische Union weitere Schritte für eine stärkere Integration der nationalen Strommärkte – hin zu einem gemeinsamen europäischen Markt gesetzt. Neben der fortschreitenden Entflechtung der Netze von den vertikal integrierten Energieunternehmen, stehen die Regelenergiemärkte im Fokus der Bemühungen.

Um auch für die Märkte zur Bereitstellung von Regelreserven einen gemeinsamen, europäischen Markt herstellen zu können, bedarf es zu allererst einer Harmonisierung der zum Teil höchst unterschiedlichen Voraussetzungen der nationalen Märkte. Hier treten komplexe Fragestellungen sowohl technischer als auch wirtschaftlicher Natur zu Tage. So ist zum Beispiel zu klären, welche Anlagen für welche Regelungsarten zugelassen werden – Stichwort Präqualifikation, aber auch welche Markt- bzw. Preisfindungsmodelle Anwendung finden sollen. Ebenfalls ist zu klären, nach welchen Modellen Kooperationen über Regelzonen- und Ländergrenzen hinweg erfolgen sollen.

Um diese Fragen zu klären wurde die „Agency for the Cooperation of Energy Regulators" (ACER) beauftragt eine entsprechende Framework Guideline on Electricity Balancing zu erstellen. Diese wiederum bildete die Grundlage für die Erstellung des Networkcode on Electricity Balancing, welcher vom „European Network of Transmission System Operators – Electricity" (ENTSO-E) erarbeitet wird. Dieser Networkcode ist nun im Begriff durch den Komitologieprozess der Europäischen Union rechtlich bindenden Status zu erlangen.

Das Inkrafttreten des Networkcodes bedeutet für viele Akteure an den nationalen Regelenergiemärkten eine Neu- bzw. Andersregelung im Vergleich zu bisher gültigen Vorschriften und Praktiken. Die Umsetzung der neuen Regelungen bedingt demnach eine, je nach Akteur unterschiedliche und auch unterschiedlich weit reichende Anpassung der bestehenden Prozessstrukturen.

Diese Arbeit soll im speziellen beleuchten, wie Prozessstrukturen von Übertragungsnetzbetreibern (ÜNB) ausgestaltet sein können, um eine vollständige Compliance mit dem künftigen Regelwerk für die Leistungs- / Frequenzregelung herzustellen. Dazu sollen dem Networkcode entsprechende Beispielprozesse entworfen und betriebswirtschaftlich bewertet werden, um die für Übertragungsnetzbetreiber günstigste Variante zu ermitteln.

1.1 Forschungsfragen

Die entsprechende, zentrale Forschungsfrage dieser Arbeit lautet:
Wie können die Anforderungen aus dem Networkcode on Electricity Balancing am effizientesten in die Prozessstrukturen der europäischen Übertragungsnetzbetreiber eingebettet werden?
Die daraus abgeleiteten Fragestellungen sind:
Wie können Prozesse ausgestaltet werden, um dem Networkcode on Electriciy Balancing zu entsprechen?
Ist eine Prozessgestaltung effizienter, in der die Kompetenzen der Übertragungsnetzbetreiber im Zentrum stehen, oder jene der CoBA-Funktionen?

1.2 Methodisches Vorgehen

Um ein grundlegendes Verständnis für die Thematik Regelenergiemarkt herzustellen werden zu Anfang dieser Arbeit die technischen Grundlagen der Leistungs- / Frequenzregelung in gebotener Kürze dargestellt. Dies erfolgt über sinngemäße Zitationen aus einschlägigen Fachbüchern.
Die Einordnung des NC on Electricity Balancing in den bestehen rechtlichen Rahmen auf europäischer und nationaler Ebene ist für das Verständnis des Inhalts dieser Arbeit ebenso ausschlaggebend. Deshalb wird auch hierüber ein grober Überblick gegeben. Auch dazu werden Informationen aus verschiedenen einschlägigen Quellen sinngemäß wiedergegeben.
Da der Networkcode eine Vielzahl von unterschiedlichen Regelungen beinhaltet und dabei eine Reihe von Optionen offen lässt, ist es notwendig, die für diese Arbeit relevanten Inhalte zu identifizieren und darzustellen. Dazu werden die als für diese Arbeit als bedeutsam befundenen Regelungen auf ein allgemein verständliches Niveau abstrahiert und zum Teil grafisch aufbereitet.
Auf Basis der herausgearbeiteten, relevanten Vorschriften werden Prozesse definiert, welche im Einklang mit diesen stehen. Dies geschieht in Anlehnung an Becker, Kugler und Rosemann (2008), wo eine Entwicklung von Prozessalternativen in einer Ereignisgesteuerten Prozesskette (EPK) als für eine nachgelagerte monetäre Bewertung geeignet ausgewiesen wird. Diese Vorgehensweise wird dort außerdem für weiterführende Betrachtungen, wie die Entwicklung von Kennzahlen für das Prozesscontrolling, als am geeignetsten dargestellt.
Nach der Festlegung eines Ordnungsrahmens durch die Definition der Hauptprozesse, werden diese Hauptprozesse in einzelne Prozessschritte aufgegliedert. In diesem Schritt werden Prozessalternativen entwickelt, die auf

einen maximalen Verbleib der Kompetenzen bei den Übertragungsnetzbetreibern abzielen.   Als Gegenthese werden Modelle entwickelt, bei denen gemeinschaftlich operierende Funktionen so stark wie möglich einbezogen werden sollen. Nicht für alle Hauptprozesse ist der Entwurf von diesen beiden Alternativen möglich, darum wird dies nur dort durchgeführt wo eine solche Betrachtung Sinn macht.

Abschließend werden die Alternativen einander gegenübergestellt und, ebenfalls in Anlehnung an Becker, Kugler und Rosemann (2008), einer monetären Bewertung unterzogen. Als Basis wird die dort entwickelte Wirtschaftlichkeitsrechnung auf Basis von Prozessmodellen (WPM) in vereinfachter Form angewandt. Übernommen wird die Einteilung der der Bewertung der Prozessalternativen über die Phasen des Lebenszyklus und damit eine gesamtheitliche Betrachtung, inklusive initiale Investition bzw. eventueller Migration und dem Betrieb.

Dazu erfolgt zuerst eine Abschätzung des zeitlichen Aufwandes der entwickelten Prozessschritte. Dieser Aufwand wird mittels eines standardisierten Verrechnungssatzes monetär bewertet. Aus diesen periodischen Aufwänden wird über die Anwendung einer ewigen Rente deren Nettobarwert ermittelt.

In einem Expertengespräch mit dem IT-Kooridinator der Abteilung Marktmanagement der Austrian Power Grid AG wird dann der Aufwand für die Investition in die für die Umsetzung notwendigen IT-Systeme abgeschätzt. Außerdem wird in demselben Gespräch eine Abschätzung der laufenden Wartungskosten dieser Systeme getroffen. Auch für diese Wartungskosten wird der Nettobarwert gebildet.

Aus der Summierung der Barwerte der periodischen Aufwände, mit den einmalig anfallenden Investitionskosten ergeben sich die für den Vergleich relevanten Gesamtaufwände pro Ausgestaltungsvariante.

Eine zusammenfassende Betrachtung der Ergebnisse bildet den Abschluss dieser Masterarbeit

2 Grundlagen

2.1 Netzregelung

In dieser Masterarbeit wird unter Netzregelung die Wirkleistungs- / Frequenzregelung innerhalb einer Regelzone mit Wechselstromversorgung verstanden. Dies geschieht im Abgrenzung zur technisch ebenfalls notwendigen Blindleistungs- / Spannungsregelung, die nicht Gegenstand dieser Arbeit ist.

2.1.1 Leistung und Frequenz

Beim Betrieb eines elektrischen Netzes besteht eine der fundamentalsten Herausforderungen darin, dass Strom nicht in einem derartigen Umfang speicherbar ist, dass dies eine nennenswerte zeitliche Verschiebung zwischen Erzeugung und Verbrauch zulässt. Strom muss also zum selben Zeitpunkt erzeugt werden zu dem er verbraucht wird. Aus diesem Fakt heraus ergeben sich verschiedene Schwierigkeiten, vor allem die Frequenz betreffend. Angenommen das System befindet sich auf seiner Sollfrequenz von 50 Hz, d.h. die an den Generatorklemmen entnommene elektrische Wirkleistung entspricht der mechanischen Leistung, die dem Generator über die Welle zugeführt wird. Werden jetzt Verbraucher hinzugeschalten kommt es zu einem Ungleichgewicht dieser Bilanz. Die zu viel bezogene Leistung wird im ersten Schritt aus der kinetischen Energie der rotierenden Massen, in diesem Fall Generatoren und Turbinen, entnommen und deren Drehzahl verringert sich. Gleichzeitig verringert sich auch die Netzfrequenz, da diese starr mit der Drehzahl der Generatoren gekoppelt ist. Da ein solcher Frequenzabfall gravierende Probleme für die an das Netz angeschlossene Maschinen haben könnte, gilt es einen solchen zu vermeiden. Dasselbe gilt auch für die entgegengesetzte Richtung und damit für Frequenzsprünge durch Lastüberschuss und Lastmangel, resultierend aus Ungleichgewichten zwischen Erzeugung und Verbrauch. [1]

---

[1] Vgl. Spring (2003); Seite 57 ff

2.1.2 Gründe für Ungleichgewichte

Praktisch kommt es aus vier verschiedenen Gründen zu solchen Unausgeglichenheiten, auf die entsprechend ihrer Charakteristika auch unterschiedlich reagiert werden muss.

Stochastisches Verhalten von Lasten beschreibt das Phänomen, dass sich das exakte Verhalten einzelner Verbraucher in einem elektrischen Netz nur bedingt prognostizieren lässt. Dies bedingt, dass die Erzeugung nicht genau auf den erwarteten Verbrauch einstellbar ist. Es kommt demnach immer zu Fehlern in der Verbrauchsprognose und im darauf basierenden Kraftwerkseinsatz, welche stetig ausgeglichen werden müssen. Dazu werden vor allem die schnell reaktiven Regelarten wie die Primär- und zum Teil auch die Sekundärregelung herangezogen.

Dargebotsabhängige Einspeisung stammt vor allem aus dem Bereich der erneuerbaren Stromproduktion. Es kann nur ins Netz eingespeist werden, wenn auch der Primärenergieträger vorhanden ist, zum Beispiel ein genügend großes Windaufkommen bzw. eine genügend große solare Einstrahlung vorhanden ist. Wiederum hängt hier der Regelbedarf von der Prognosegüte ab, hier allerdings produktionsseitig. Zum Ausgleich dieser Produktionsschwankungen kommen ebenfalls Primär- und Sekundärregelung zum Einsatz.

Ungeplante Ausfälle konventioneller Kraftwerkseinspeisung können innerhalb kurzer Zeit den Einsatz großer Volumina an positiver Regelleistung (Leistungserhöhung in der Regelzone) notwendig machen. Im ersten Schritt reagieren hier ebenfalls die schnelleren Regelarten. Diese werden aber in Österreich nach spätestens 10 Minuten von der manuell zu aktivierenden Tertiärregelung abgelöst um wieder für andere Zwecke zur Verfügung zu stehen.

Standardmäßig kommt es außerdem zu sogenannten Fahrplansprüngen. Diese treten auf, da Strom in zeitlichen Blöcken gehandelt wird. Standardisierte Blöcke wären zum Beispiel Base (00:00 – 24:00) oder Peak (08:00 – 20:00), gehandelt werden aber Blöcke bis zu einer Granularität von 15 Minuten. Zum Ende bzw. Anfang solcher kommerzieller Blöcke werden Kraftwerksleistungen hoch oder runter gefahren. Auch wenn es dafür standardisierte Rampen gibt, kommt es speziell zu diesen Zeiten zu Über- oder Unterdeckungen der Regelzone.[2]

---

[2] Vgl. Consentec GmbH (2008); Seite 3 ff

2.1.3 Traditionelle und neue Einteilung von Regelungsarten

Um auf die oben beschriebenen Vorgänge passend reagieren zu können, sind traditionell drei Arten von Regelleistung zu unterscheiden, die sich nach ihrem Einsatzzweck, vor allem beruhend auf ihrer Reaktionszeit, unterscheiden und sich im zeitlichen Verlauf gegenseitig ablösen. Diese werden in der unten stehenden Grafik dargestellt sowie im Folgenden kurz beschrieben.

Abbildung 1: Traditionelle Einteilung von Regelarten

Quelle: ENTSO-E (2009); Seite 2

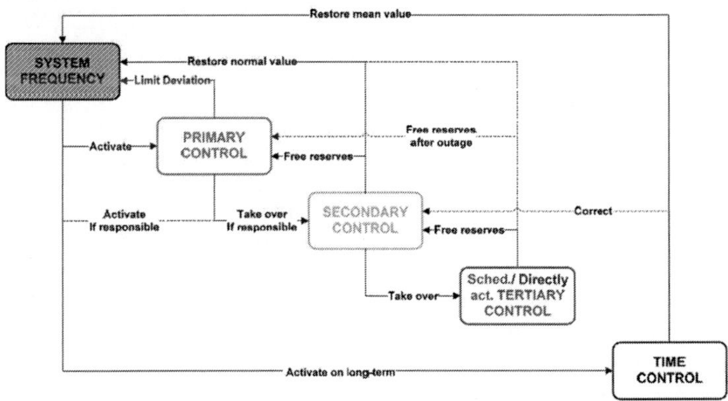

Die Primärregelung dient zu Stabilisierung der Frequenz nach einem Zwischenfall im Netz, nicht aber zur Wiederherstellung der Soll-Frequenz. Die Aktivierung erfolgt innerhalb weniger Sekunden, automatisch über den gesamten UCTE-Raum hinweg. Innerhalb von 15 Sekunden muss zumindest die Hälfte der Primärregelung aktivierbar sein, die restlichen 50 % graduell in bis zu 30 Sekunden nach einem Vorfall.[3]

Sekundärregelung übernimmt die Aufgabe den Ausgleich zwischen Erzeugung und Verbrauch innerhalb einer Regelzone herzustellen. Damit dient sie, in Abgrenzung zur Primärregelung, auch zur Wiederherstellung der Soll-Frequenz nach einem Störfall im Netz. Die Aktivierung erfolgt zentral gesteuert durch den ÜNB, in seiner Rolle als Regelzonenführer, über einen automatischen Regelungsprozess. Sekundärregelung muss typischerweise innerhalb von 15 Minuten zur Verfügung stehen.[4]

---

[3] Vgl. ENTSO-E (2009); Seite 4 ff
[4] Vgl. Ebda. Seite 12 ff

Der Einsatzzweck der Tertiärregelung besteht im wesentlich aus der Ablöse von Sekundärregelung innerhalb einer Regelzone, wenn es absehbar ist, dass deren Einsatz längerfristig benötigt wird, bzw. zu deren Unterstützung. Durch den Einsatz von Tertiärregelung wird dementsprechend auch die UCTE-weite Primärregelung wieder für andere Regelvorgänge freigemacht. Die Aktivierung erfolgt manuell entweder direkt (z.B. über Telefon) oder über Fahrpläne.[5]

Diese Einteilung stellt den aktuellen Status Quo in Kontinentaleuropa, dem sogenannten UCTE-Raum, dar und ist hier etabliert. Außerhalb dieser Region, beispielsweise in Großbritannien und Irland oder auch den skandinavischen Staaten gelten davon zum Teil stark abweichende Einteilungen. Aus diesem Grund erfolgt durch die Erstellung der neuen Networkcodes, in diesem Fall vor allem über den Networkcode on Load-Frequency Control and Reserves (LFC&R), aber auch im Rahmen des NC on Electricity Balancing (EB) eine Harmonisierung der Definitionen. Diese umfassen weiterhin drei Arten von Netzregelung, die sich im Wesentlichen an der traditionellen Einteilung im UCTE-Raum orientieren. Die Regelungsarten werden in den neuen Network-codes gemäß den oben beschriebenen Einsatzwecken benannt. So stellt die Frequency Containment Reserve (FCR) das Pendant zur Primärregelung dar, die Frequency Restoration Reserve (FRR) jene zur Sekundärregelung und die Replacement Reserve (RR) beschreibt im Wesentlichen die Funktionen der Tertiärregelung. Zusätzlich wird die FRR in zwei Komponenten aufgeteilt, die automatic FRR (aFRR), die in ihrer Charakteristik tatsächlich der Sekundär-regelung entspricht und der manual FRR (mFRR), die durch den Umstand der manuellen Aktivierung zwischen der Sekundär- und Tertiärregelung anzusiedeln ist. Wie in der unten stehen Abbildung zu sehen ist, nimmt sie auch in der zeitlichen Aktivierungsreihenfolge eine Zwischenstellung ein.

---

[5] Vgl. Ebda. Seite 25 ff

Abbildung 2: Einteilung der Regelarten nach dem NC LFC&R

Quelle: ENTSO-E (2013b); Seite 38

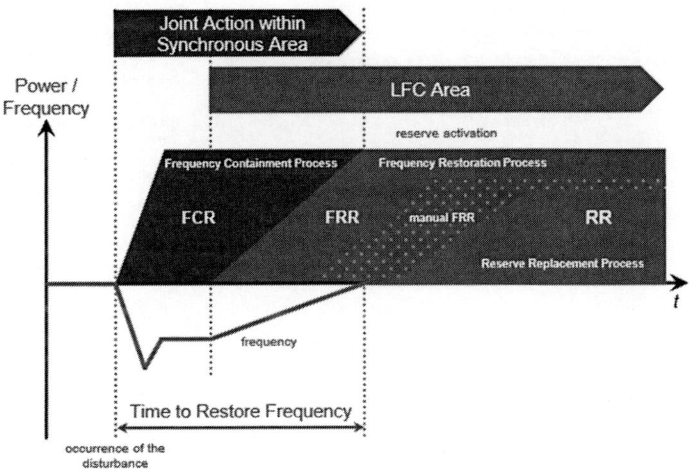

2.2 Framework Guidelines und Networkcodes

Neuregelungen wie die oben genannten werden die europäischen Strommärkte in den nächsten Jahren nachhaltig verändern. Das legislative Mittel um solche strukturellen Veränderungen herbeizuführen sind die sogenannten Networkcodes (NC), die ihrerseits auf den von ACER erarbeiteten Framework Guidelines (FG) beruhen, welche wiederum die Prioritätenliste der Europäischen Kommission als Grundlage aufweisen. Es soll im Folgenden kurz dargestellt werden, wo diese Networkcodes im Rechtsrahmen der Europäischen Union einzuordnen sind, bzw. wie deren Erstellung vor sich geht. Die unten stehende Grafik zeigt den Erstellungsablauf schematisch.

Abbildung 3: Erstellungsprozess von Networkcodes

(Quelle: ACER (2014); [online])

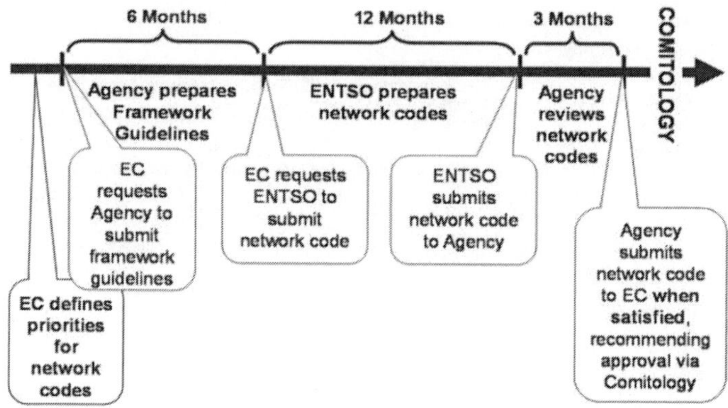

Die „Verordnung (EG) Nr. 713/2009 des Europäischen Parlaments und des Rates vom 13. Juli 2009 zur Gründung einer Agentur für die Zusammenarbeit der Energieregulierungsbehörden" stellt sozusagen den Geburtsakt der Agency for the Cooperation of Energy Regulators (ACER) dar. Unter anderem wird diese Agentur in dieser Verordnung mit dem Recht zur Erstellung von nicht bindenden Rahmenleitlinien, den sogenannten „Framwork Guidelines" (FG) ausgestattet.

Der Zweck dieser FG sowie deren Erstellungsprozess und deren weitere Behandlung wird in der Verordnung (EG) Nr. 714/2009 des Europäischen Parlaments und des Rates vom 13. Juli 2009 über die Netzzugangsbedingungen für den grenzüberschreitenden Stromhandel und zur Aufhebung der Verordnung (EG) Nr. 1228/2003, unter Artikel 4, genauer spezifiziert. Die Erstellung der nicht bindenden Rahmenleitlinien hat dementsprechend gemäß der jährlichen Prioritätenliste der Europäischen Kommission zu erfolgen. Es ist hier auch festgelegt, dass diese Leitlinien klare und objektive Grundätze für die Entwicklung von Networkcodes enthalten müssen. Damit bilden sie auch inhaltlich bereits die Grundlagen für deren Erstellung. Genügt die von ACER ausgearbeitete Rahmenrichtlinie den Anforderungen der Kommission, so fordert diese die ENTSO-E auf, einen entsprechenden Networkcode auszuarbeiten, welcher den Vorgaben der einschlägigen Rahmenrichtlinie entsprechen muss. ACER obliegt in weiterer Folge gemäß der Verordnung 714/2009 auch noch die Aufgabe den Networkcode zu prüfen und Anmerkungen zu machen, die im weiteren Verlauf von ENTSO-E einzuarbeiten sind. Die Vorlage der finalen Version bei der Kommission obliegt ebenfalls der Agentur. Nimmt die

Kommission den Vorschlag über den Komitologieprozess an, so ist der NC bindend, ansonsten wird er mit Anmerkungen der Kommission wieder an ENTSO-E zurückgereicht, welche den Entwurf erneut überarbeiten muss.

Die ÜNB sind durch diese Verordnung zum Betrieb ihrer Netze nach den von der Kommission angenommenen NC verpflichtet.

Im aktuellsten veröffentlichten Arbeitsplan führt ENTSO-E insgesamt neun zu erstellende Networkcodes in verschieden Bearbeitungsstadien auf. Diese umfassen die Bereiche Netzbetrieb, Netzverbindungen und den EU-Binnenmarkt für Energie, welchem auch der NC EB zuzurechnen ist, auf dem diese Masterarbeit basiert.[6]

Die unten stehende Grafik zeigt die aktuell in Erstellung befindlichen Network-codes.

---

[6] Vgl. ENTSO-E (2015); [online]

Abbildung 4: Aktuelle Networkcodes in Erstellung

(Quelle: ENTSO-E (2015); [online])

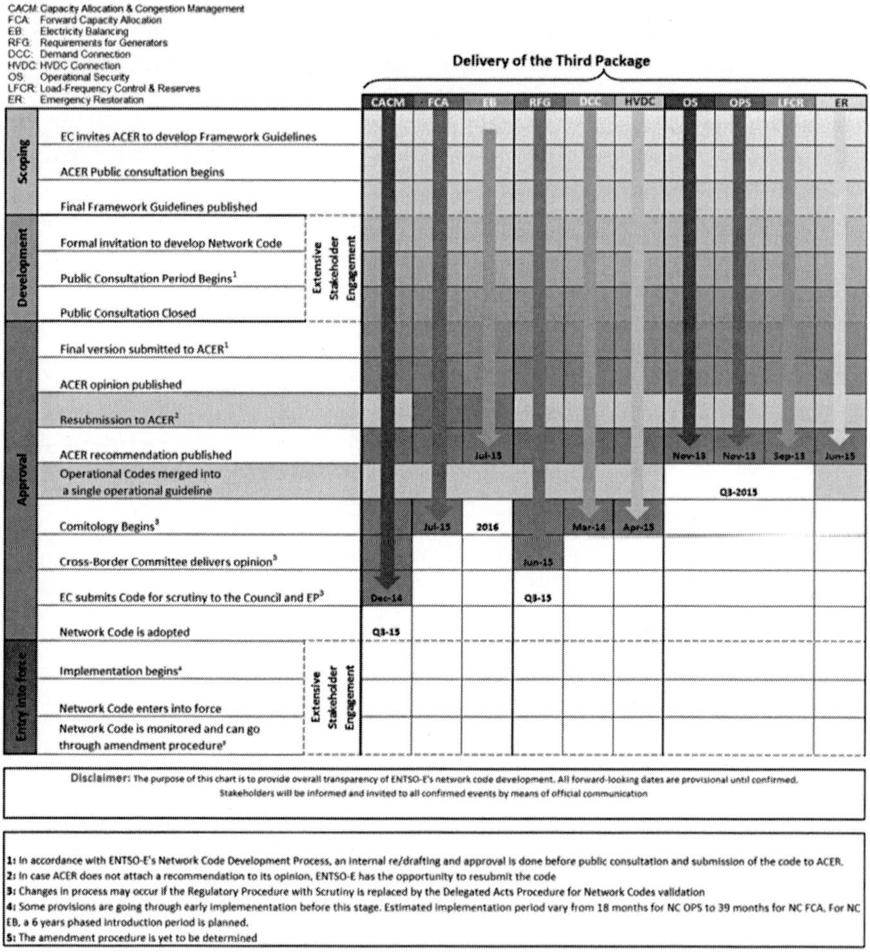

CACM: Capacity Allocation & Congestion Management
FCA: Forward Capacity Allocation
EB: Electricity Balancing
RFG: Requirements for Generators
DCC: Demand Connection
HVDC: HVDC Connection
OS: Operational Security
LFCR: Load-Frequency Control & Reserves
ER: Emergency Restoration

Delivery of the Third Package

	CACM	FCA	EB	RFG	DCC	HVDC	OS	OPS	LFCR	ER
Scoping — EC invites ACER to develop Framework Guidelines										
ACER Public consultation begins										
Final Framework Guidelines published										
Development — Formal invitation to develop Network Code										
Public Consultation Period Begins[1]										
Public Consultation Closed										
Final version submitted to ACER[1]										
ACER opinion published										
Resubmission to ACER[2]										
Approval — ACER recommendation published			Jul-15				Nov-13	Nov-13	Sep-13	Jun-15
Operational Codes merged into a single operational guideline								Q3-2015		
Comitology Begins[3]		Jul-15	2016		Mar-14	Apr-15				
Cross-Border Committee delivers opinion[3]				Jun-15						
EC submits Code for scrutiny to the Council and EP[3]	Dec-14			Q3-15						
Network Code is adopted	Q3-15									
Entry into force — Implementation begins[4]										
Network Code enters into force										
Network Code is monitored and can go through amendment procedure[5]										

Extensive Stakeholder Engagement

Disclaimer: The purpose of this chart is to provide overall transparency of ENTSO-E's network code development. All forward-looking dates are provisional until confirmed. Stakeholders will be informed and invited to all confirmed events by means of official communication

1: In accordance with ENTSO-E's Network Code Development Process, an internal re/drafting and approval is done before public consultation and submission of the code to ACER.
2: In case ACER does not attach a recommendation to its opinion, ENTSO-E has the opportunity to resubmit the code
3: Changes in process may occur if the Regulatory Procedure with Scrutiny is replaced by the Delegated Acts Procedure for Network Codes validation
4: Some provisions are going through early implemenentation before this stage. Estimated implementation period vary from 18 months for NC OPS to 39 months for NC FCA. For NC EB, a 6 years phased introduction period is planned.
5: The amendment procedure is yet to be determined

3 Anforderungen aus dem NC EB

Der für diese Arbeit relevante Networkcode ist der Networkcode on Electricity Balancing. Da sich dieser zum Zeitpunkt der Erstellung dieser Masterarbeit noch im Genehmigungsprozess befindet und daher noch nicht in Kraft ist, bildet die Version wie sie am 23.12.2013 an ACER zur Begutachtung übermittelt wurde, als aktuellste offizielle Version, die Basis für diese Arbeit. Der NC EB ist in dieser Version, einschließlich der allgemein einleitenden und abschließenden Teile, in 9 Kapitel und 71 einzelne Artikel unterteilt. Jene darin enthaltenen Vorgaben, die für die Gestaltung operativer Prozesse relevant sind, bilden die Basis für diese Masterarbeit und werden in diesem Kapitel überblicksartig dargestellt.

3.1 Zukünftiges Marktmodell für Regelenergie

Der Networkcode beschreibt eingangs das Zielmodell des integrierten europäischen Regelenergiemarktes und den Weg dorthin. Es werden neue Begrifflichkeiten und Definitionen eingeführt, welche die Grundlage für die weiteren Bestimmungen bilden.

3.1.1 Coordinated Balancing Area

Die Coordinated Balancing Area (CoBA) soll in Zukunft das Instrument der Zusammenarbeit zwischen den einzelnen Regelzonen sein. Jeder ÜNB ist in Zukunft verpflichtet, Teil mindestens einer CoBA für den Austausch zumindest eines Standardproduktes für Regelenergie oder für eine Imbalance Netting Kooperation zu sein. Eine Kooperation im Bereich der Vorhaltung von Regelreserven bleibt den ÜNB freigestellt, ist aber unter diesem Networkcode nicht verpflichtend. Wie eine solche CoBA rechtlich oder organisatorisch ausgestaltet werden muss, lässt er NC EB offen.

3.1.2 Regionale Integrationsmodelle

Es wird darüber hinaus ein Fahrplan festgelegt, wie die einzelnen CoBAs, die ja individuelle, bi- oder multilaterale Kooperationen zwischen einzelnen ÜNB darstellen, in weiterer Folge zu einem einheitlichen europäischen Markt verschmelzen sollen. Ein Zwischenschritt dazu sind die sogenannten Regionalen Integrationsmodelle. Innerhalb dieser regionalen Kooperationen sollen mehrere CoBAs miteinander kooperieren. Für diesen Schritt sind, je nach Regel-energieart, bereits operative Vorgaben im Networkcode enthalten. Diese sind in der unten stehenden Tabelle dargestellt.

	Vorgaben:
RR	Multilaterales TSO-TSO Modell mit CMO
mFRR	Multilaterales TSO-TSO Modell mit CMO
aFRR	Koordinierte Aktivierung, basierend auf einem TSO-TSO-Modell
Imbalance Netting	TSO-TSO Modell

Tabelle 1: Operative Vorgaben für Regionale Integrationsmodelle

(Quelle: Eigene Darstellung)

Als TSO-TSO Modell ist hier eine Kooperation zu verstehen, bei der eine Vertragsbeziehung, die Kooperation betreffend, nur zwischen den beteiligten ÜNB besteht. Die vertraglichen Beziehungen der jeweiligen Anbieter (Balancing Service Provider (BSP)) bestehen weiterhin nur mit jenem ÜNB, in dessen Regelzone sich ihre Bilanzgruppe befindet. Dieser wird im NC EB sowie im weiteren Verlauf dieser Arbeit Connecting TSO genannt.
Die Verwendung einer Common Merit Order (CMO) bedeutet, dass alle Energieangebote die zum regelzonenübergreifenden Austausch zur Verfügung stehen in einer gemeinsamen Liste erfasst werden. Es können allerdings Gebote als ungeteilt gekennzeichnet werden, diese sind dann nur für den Connecting TSO verfügbar und nicht in der CMO enthalten. Der Abruf hat entsprechend

dieser CMO zu erfolgen und nicht auf Basis lokaler Listen, mit Ausnahme der ungeteilten Gebote.

3.1.3   Europäische Integrationsmodelle

Die Regionalen Integrationsmodelle stellen einen Zwischenschritt dar, um die Transformation der nationalen Märkte zu einem integrierten Europäischen Regelenergiemarkt zu erleichtern. Konsequenterweise ist dies auch, wiederum aufgeteilt nach Regelenergiearten, das finale Modell des Networkcodes. Im Wesentlichen sollen in diesem Schritt die bereits in den Regionalen Integrationsmodellen vermaschten CoBAs in einer einzigen Europäischen CoBA pro Regelenergieart bzw. Imbalance Netting Kooperation aufgehen.
Auch für aFRR ist in dieser Phase ein Modell einzuführen, das zumindest den Grundprinzipien einer CMO folgt. Darüber hinaus gelten die Regelungen für ungeteilte Gebote in dieser Phase nichtmehr. Alle Energiegebote müssen über eine CMO abgewickelt werden.
In der unten stehenden Grafik ist der Weg hin zu einem integrierten gesamteuropäischen Regelenergiemarkt, wie im NC EB vorgesehen, schematisch dargestellt.

Abbildung 5: Schrittweiser Aufbau eines Europäischen Regelenergiemarktes

(Quelle: Eigene Darstellung)

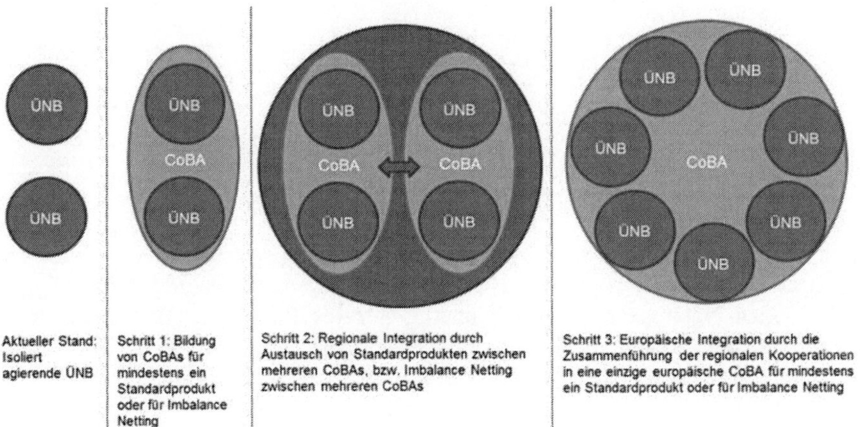

Im Networkcode sind bereits Fristen vorgesehen, bis zu denen, ab Inkrafttreten, Vorschläge für Rahmenbedingungen für die Implementierung der Integrationsmodelle von den ÜNB erstellt werden müssen. Für die Regionalen Integrationsmodelle sind auch Fristen vorgegeben, bis zu denen diese umgesetzt sein müssen. Diese sind in den unten stehenden Tabellen dargestellt.

Regionale Integration		
	Vorschläge:	Umsetzung:
RR	6 Monate	2,5 Jahre
mFRR	2 Jahre	4 Jahre
aFRR	3 Jahre	4 Jahre
Imbalance Netting	6 Monate	2 Jahre

Tabelle 2: Zeitvorgaben für Regionale Integrationsmodelle

(Quelle: Eigene Darstellung)

Europäische Integration	
	Vorschläge
RR	5 Jahre
mFRR	5 Jahre
aFRR	5 Jahre
Imbalance Netting	4 Jahre

Tabelle 3: Zeitvorgaben für Europäische Integrationsmodelle

(Quelle: Eigene Darstellung)

3.1.4 Funktionen und Aufgaben der ÜNB in einer CoBA

Jeder ÜNB ist nach wie vor für die Regelung des Netzes in seinem Verantwortungsbereich, im NC EB Responsibility Area genannt, zuständig. Sie sollen dazu Netzregelung von Balancing Service Providern (BSP) beschaffen. Regelungsdienstleistungen selbst als ÜNB anzubieten ist, bis auf wenige Ausnahmen, nicht zulässig. Diese Option wird daher im Rahmen dieser Arbeit nicht weiter behandelt.

Der Networkcode nennt fünf Funktionen, die in einer CoBA, sofern für das gewählte Produkt zutreffend, von den teilnehmenden ÜNB wahrgenommen werden müssen. Wird eine Imbalance Netting Kooperation betrieben muss die Funktion einer Imbalance Netting Process Function (INPF) geschaffen werden, beim Austausch von Leistungsvorhaltung eine Capacity Procurement Optimisation Function (CPOF). Ist ein Transfer von Leistungsvorhaltung möglich, ist dafür eine Transfer of Balancing Capacity Function (TBCF) vorzusehen. Werden Energiegebote ausgetauscht, muss der Abruf dieser über die Activation Optimisation Function (AOF) erfolgen. Für alle CoBAs muss eine TSO-TSO Settlement Function (TTSF) implementiert werden, welche die Verrechnung übernimmt.

Die beschriebenen Funktionen sind jeweils als Rolle zu verstehen, die von einem ÜNB übernommen werden muss. Dies umfasst vor allem den Betrieb der notwendigen Optimierungsalgorithmen oder Abrechnungsaufgaben.

3.2 Beschaffung von Netzregelung

Im Networkcode werden auch Rahmenbedingungen für die Beschaffung von Netzregelung beschrieben. Es wird dabei zwischen spezifischen und Standardprodukten sowie zwischen Leistungsvorhaltung und Energiegeboten unterschieden. Unter Leistungsvorhaltung ist das zur Verfügung stellen von Kraftwerkskapazitäten oder flexiblen Lasten durch BSP für die Netzregelung zu verstehen. Werden diese Kapazitäten tatsächlich aktiviert, wird zusätzlich die gelieferte / bezogene Energie abgegolten. Nach den Preisen für diese Energie werden die Energiegebote in der CMO gereiht und entsprechend dieser Reihung abgerufen.

Wie bereits in 3.1 beschrieben, soll ein Austausch innerhalb einer CoBA dabei über ein TSO-TSO Modell erfolgen.

3.2.1 Spezifische Produkte und Standardprodukte

Im Networkcode wird gefordert, dass alle ÜNB innerhalb eines Jahres nach Inkrafttreten einen Vorschlag für Standardprodukte erarbeiten. Dieser soll sowohl Produkte für Leistungsvorhaltung als auch für Energiegebote umfassen. Grundsätzlich können ÜNB aber auch spezifische Produkte verwenden. Dazu muss allerdings nachgewiesen werden, dass sich Standardprodukte nicht für deren Einsatz eigenen und dieses Vorgehen regulatorisch genehmigt werden. Für diese Arbeit wird daher von der ausschließlichen Verwendung von Standardprodukten ausgegangen.

3.2.2 Leistungsvorhaltung

Zumindest die Vorhaltung von FRR und RR soll marktbasiert, getrennt nach Richtung (Lieferung an das Netz, Bezug aus dem Netz) erfolgen. Die maximal zulässige Dauer von Leistungsvorhaltungsverträgen beträgt ein Jahr. Für den Austausch von Geboten innerhalb einer CoBA ist diese Dauer aber auf ein Monat begrenzt. Eine davon abweichende Vorgehensweise ist zu begründen und muss regulatorisch genehmigt werden. Für diese Arbeit wird diese Möglichkeit daher außer Acht gelassen.
Bei einer gemeinsamen Beschaffung innerhalb einer CoBA ist darauf zu achten, dass diese gesamtkostenoptimal erfolgt. Das bedeutet, dass nicht nur die Kosten für das Produkt selbst für die Bewertung herangezogen werden sollen, sondern immer auch die Kosten für eventuell notwendige Reservierung von Grenzkapazitäten. Das muss von der CPOF bei der Auswahl der zuzuschlagenden Gebote sichergestellt werden.
Der Networkcode sieht außerdem die Möglichkeit für einen Sekundärhandel vor. Über sogenannte Transfers muss es einem BSP ermöglicht werden, seine Verpflichtungen zur Leistungsvorhaltung an einen anderen BSP abzutreten.

3.2.3 Energiegebote

Der NC EB beinhaltet für Energiegebote Vorgaben bis wann diese abgegeben werden können. Diese Frist, die sogenannte Balancing Energy Gate Closure Time (BEGCT), soll für manuell zu aktivierende Energiegebote nach dem Gate Closure des Intraday-Marktes für grenzüberschreitenden Handel liegen. Außerdem soll vermieden werden, dass sich diese beiden Märkte zeitlich überschneiden. Für Energiegebote mit automatischer Aktivierung kann die BEGCT auch vor dem grenzüberschreitenden Intraday Gate Closure liegen. In beiden Fällen muss sichergestellt sein, dass genügend Zeit für die gemeinsame Verarbeitung der Gebote und andere notwendige Prozesse der ÜNB und der BSP bleibt.
Als Preisfindungsmechanismus schreibt der NC EB ein pay-as-cleared Modell vor, sofern die ÜNB nicht durch eine detaillierte Analyse beweisen können, dass andere Mechanismen effizienter sind. Dieser Vorbehalt wird für die weitere

Betrachtung in dieser Arbeit nicht berücksichtigt, da dieser nur bis zur Einführung der Europäischen Integrationsmodelle gilt.

Gebotsabgabe und Zuschlag und dementsprechend auch die Entstehung einer vertraglichen Beziehung erfolgen zwischen dem BSP und seinem Connecting TSO. Von der Weitergabe seines Gebotes an die Activation Optimisation Function (AOF) und damit vom Eintrag in die CMO ist der BSP nicht betroffen. Die Anforderung zur Aktivierung erhält er auch nach wie vor von seinem Connecting TSO. Ebenso erfolgt die finanzielle Kompensation zwischen diesen beiden Parteien.

Die korrekte Aufnahme in die CMO muss von der AOF an den Connecting TSO bestätigt werden.

3.2.4 Aktivierung von Regelenergie

Der aktivierende ÜNB wird als Requesting TSO bezeichnet, der die Aktivierung anfordert. Diese Anforderung geht bei der AOF ein. Auch diese Rolle wird von einem ÜNB wahrgenommen. Die AOF bestimmt das gemäß der CMO zu aktivierende Gebot, vergewissert sich ob die entsprechenden Grenzkapazitäten zur Verfügung stehen und gibt die Anforderung dann an den betroffenen Connecting TSO weiter, in dessen Verantwortungsbereich der abgerufene BSP seine Bilanzgruppe hat. Der Connecting TSO hat sicherzustellen, dass der BSP die angeforderte Regelenergie auch erbringt und dieses an die AOF zu bestätigen. Die AOF wiederum muss dem Requesting TSO gegenüber bestätigen, dass die Aktivierung korrekt durchgeführt worden ist. Dieser Ablauf ist in unterer Grafik schematisch dargestellt.

Abbildung 6: Abgabe und Aktivierung von Energiegeboten

(Quelle: Eigene Darstellung)

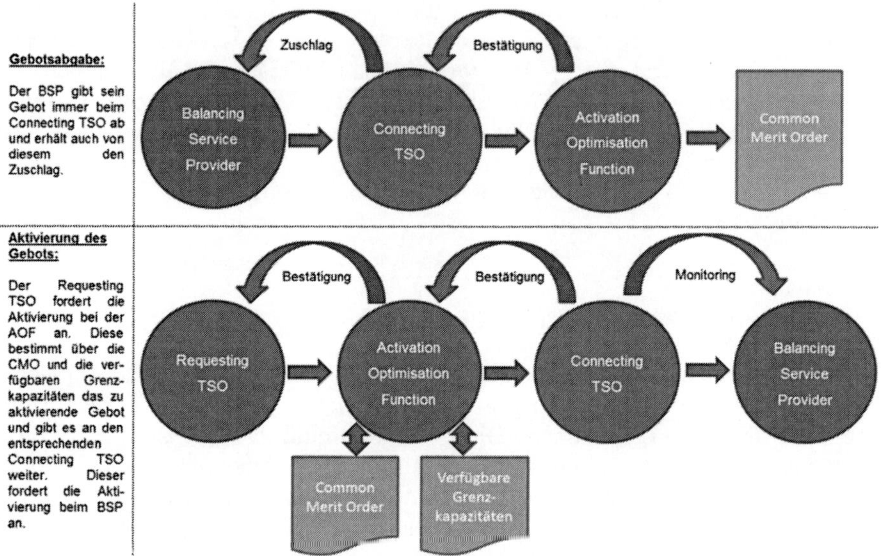

ÜNB haben außerdem das Recht zum Zwecke der Sicherstellung der Systemstabilität Energiegebote, ausgenommen jene für aFRR, auch für andere Zwecke als die Netzregelung zu aktivieren. Voraussetzung dafür ist allerdings, dass solch eine Aktivierung keinen Einfluss auf den Ausgleichsenergiepreis hat. Ebenso können vorhandene Energiegebote bereits vor der BEGCT abgerufen werden, wenn dies für die Systemsicherheit notwendig sein sollte. Der Grund für die Aktivierung eines Energiegebotes muss bei jedem Abruf angegeben werden. Aktivierte Energiegebote müssen als sogenannte Imbalance Adjustments in der Berechnung der Ausgleichsenergie für die Bilanzgruppe berücksichtigt werden. Damit soll vermieden werden, dass der Abruf eine Ausgleichsenergieposition in der Bilanzgruppe verursacht.

3.2.5 Notfallprozesse

Im Fall, dass die gemeinsame Beschaffung eines Produktes fehlschlägt, müssen die ÜNB den Beschaffungsprozess unter bestmöglicher Einhaltung der Bestimmungen des Networkcodes wiederholen.
Schlägt die koordinierte Aktivierung von Geboten fehl, kann die CMO umgangen und lokale Energiegebote direkt aktiviert werden.
In beiden Fällen müssen die Marktteilnehmer schnellstmöglich informiert werden.

3.3 Grenzkapazitäten für Netzregelung

Als Grenzkapazitäten im Sinne dieser Arbeit sind Kapazitäten zur Übertragung von Energie über die Grenzen von Verantwortungsbereichen von ÜNB hinweg zu verstehen. Im NC EB nimmt das Thema zwei Dimensionen an. Einerseits müssen die Übertragungskapazitäten finanziell bewertet werden, um eine Optimierung der Gesamtkosten zu ermöglichen. Andererseits muss sichergestellt werden, dass für den Austausch von Netzregelung zur Verfügung gehaltene Kapazitäten auch tatsächlich genutzt werden können. Dies gilt sowohl für die Leistungsvorhaltung als auch für Energiegebote. Für alle hier beschriebenen Grenzkapazitäten gilt, dass sie nur für den Zweck verwendet werden dürfen, für den sie reserviert wurden.

3.3.1 Austausch von Leistungsvorhaltung

Für den Umgang mit Grenzkapazitäten für Leistungsvorhaltung sind laut dem Networkcode zwei unterschiedliche Herangehensweisen vorgesehen. Diese sind im Folgenden beschrieben.

3.3.1.1 Probabilistischer Ansatz

Den ÜNB einer CoBA steht es frei sich für die Verwendung des probabilistischen Ansatzes zu entscheiden. Hierbei werden keine Grenzkapazitäten für den Austausch von Netzregelung reserviert. Es werden nur jene Kapazitäten verwendet, die nach dem Intraday-Handel noch verfügbar sind, also nicht vermarktet wurden. Leistungs- oder Energiegebote die außerhalb des eigenen Verantwortungsgebiets vorgehalten werden, sind dann mit einer errechneten

Wahrscheinlichkeit verfügbar. Ein Vorschlag wie diese Vorgehensweise im Detail umgesetzt werden soll enthält der Networkcode nicht. Dieser muss von allen ÜNB bis spätestens zwei Jahre nach Inkrafttreten des NC EB gemeinsam erarbeitet werden.

3.3.1.2   Reservierung von Grenzkapazitäten

Ist der probabilistische Ansatz für eine CoBA ungeeignet, besteht die Möglichkeit Kapazitäten zu reservieren. Wird eine solche Reservierung durchgeführt, müssen diese Kapazitäten als im Vorfeld vergeben, im Sinne des Networkcode on Capacity Allocation and Congestion Management, gemeldet werden. Werden die Kapazitäten nicht mehr benötigt, müssen diese wieder für den Markt oder andere Anwendungen, zum Beispiel kurzfristigere Regelungsarten, freigegeben werden.
Der jeweils beschaffende ÜNB muss für die Reservierung den entsprechenden Wert der Kapazität entrichten. Für die Ermittlung des Werts sieht der Networkcode drei mögliche Methoden vor, welche unterschiedlich stark auf Marktmechanismen beruhen. Diese werden im Folgenden in absteigender Reihenfolge der Marktnähe beschrieben.
Die Möglichkeit die sich am stärksten am Markt orientiert, ist der sogenannte Co-optimisation Prozess. Hierbei werden seitens des ÜNB Gebote für Grenzkapazitäten in der ohnehin dafür stattfindenden Auktion abgegeben. Diese Gebotsabgabe erfolgt zeitgleich mit der Beschaffung von Leistungsvorhaltung. Die Höhe der Gebote für Grenzkapazitäten basiert auf dem Preisunterschied der Gebote für Leistungsvorhaltung auf den unterschiedlichen Seiten der Grenze. Bekommt der ÜNB den Zuschlag, muss er den aus der Auktion resultierenden Marktpreis bezahlen.
Findet für den relevanten Zeitraum keine Kapazitätsauktion statt, soll der Market Based Reservation Prozess zur Anwendung kommen. Im Unterschied zur Co-optimisation sind hier keine Gebote für Grenzkapazitäten von anderen Marktteilnehmern vorhanden. Die Höhe dieser potenziellen Konkurrenzgebote soll darum als Differenz der Spotmarktpreise auf den unterschiedlichen Seiten der Grenzen simuliert werden. Diese Preisniveaus müssen gegebenenfalls prognostiziert werden. Die exakte Methodik muss von den betroffenen ÜNB erarbeitet werden.
Stehen zum Zeitpunkt der notwendigen Kapazitätsreservierung auch die Gebote für Leistungsvorhaltung noch nicht fest soll eine Economic Efficiency Analysis zum Einsatz kommen. Zusätzlich zur Simulation der Gebote für Grenzkapazitäten aus dem Markt, müssen dazu auch die unterschiedlichen Niveaus der

Gebote für Leistungsvorhaltung simuliert werden. Kämen die simulierten Gebote zum Zug, reserviert der ÜNB die entsprechenden Kapazitäten und entrichtet den simulierten Wert.
Die unten stehende Tabelle stellt die möglichen Vorgehensweisen, im Hinblick auf reale oder simulierte Werte der Kapazität dar.

	Gebote aus dem Regelenergiemarkt	Gebote aus anderen Märkten	Wert der Kapazität
Probabilistischer Ansatz	-	-	Opportunität nach Intraday = 0
Co-optimisation	Reale Gebote	Reale Gebote	Realer Auktionspreis
Market Based Reservation	Reale Gebote	Simulierte Gebote	Simulierter Auktionspreis
Economic Efficiency Analysis	Simulierte Gebote	Simulierte Gebote	Simulierter Auktionspreis

Tabelle 4: Methoden zur Wertbestimmung von Grenzkapazitäten

(Quelle: Eigene Darstellung)

3.3.2 Austausch von Energiegeboten oder Imbalance Netting

Für die Berücksichtigung von Grenzkapazitäten beim Austausch von Energiegeboten oder der Durchführung von Imbalance Netting sieht der NC EB drei Möglichkeiten vor. Wurden für die Leistungsvorhaltung bereits Kapazitäten, wie in 3.3.1.2 beschrieben, reserviert, können diese auch für den Austausch von Energiegeboten genutzt werden. Wurde solch eine Reservierung nicht vorgenommen, können jene Kapazitäten verwendet werden, die nach dem Intraday-Handel noch verfügbar sind, also nicht vermarktet wurden. Außerdem können jene Kapazitäten verwendet werden die zwar für den Austausch von Leistungs-vorhaltung reserviert wurden, aber dafür nicht benötigt sondern freigegeben wurden.

Die Preise für diese Grenzkapazitäten sollen mit einem Mechanismus festgelegt werden, der jenem des Intraday-Handels entspricht.

3.4 Verrechnung und Kompensationen

Auch für die Verrechnung von Leistungsvorhaltung, Aktivierung, Imbalance Netting, Grenzkapazitäten und Ausgleichsenergie setzt der Networkcode Rahmenbedingungen, die bei der Erstellung von operativen Prozessen berücksichtigt werden müssen.

3.4.1 Verrechnung mit den BSP

Die ÜNB müssen zumindest für FRR und RR die aktivierte Energie auf Basis der Abrufe oder von Messungen, getrennt nach Lieferrichtungen (Lieferung an das Netz bzw. Bezug aus dem Netz), feststellen. Für die Verrechnung dieser Mengen gegenüber den BSP ist immer der jeweilige Connecting TSO zuständig. Es kommen dazu jene Preise zur Anwendung, die mit den in 3.2.3 beschriebenen Methoden ermittelt wurden. Auch für FCR ist eine Verrechnung von aktivierter Energie laut NC EB möglich, aber nicht vorgeschrieben.
Für die Verrechnung von Leistungsvorhaltung müssen von den ÜNB geeignete Regularien entworfen werden. Es sind jedoch mindestens jene Gebote zu jenen Preisen zu vergüten, zu denen sie, wie in 3.2.2 beschrieben, zugeschlagen wurden.

3.4.2 Kompensation zwischen den ÜNB

Die Abwicklung der Kompensation von ausgetauschten Geboten für Leistungsvorhaltung und Energie oder ausgetauschten Mengen im Rahmen eines Imbalance Netting Prozesses zwischen den einzelnen ÜNB einer CoBA soll von der jeweils zuständigen TSO-TSO Settlement Function (TTSF) übernommen werden. Nähere Bestimmungen zur Methode enthält der Networkcode nicht. Die ÜNB sollen sich auf eine Methode einigen, die zu einer fairen Verteilung der Kosten führt. In dieser Methode sollen auch die Kosten für eventuell notwendig gewordene Kapazitätsreservierungen beinhaltet sein.
Zwischen angrenzenden Verantwortungsbereichen benachbarter ÜNB kommt es auch zu nicht beabsichtigen Energieflüssen. Dieser Ungewollte Austausch (UA) wurde im UCTE-Raum bisher über ein Rücklieferprogramm kompensiert. Dazu

wurden in festgelegten Zeitblöcken grenzüberschreitende, fahrplanmäßige Energielieferungen durchgeführt. Der Networkcode sieht nun aber vor, dass auch für den UA ein Preis angesetzt wird, mit dem in Zukunft die unbeabsichtigt geflossene Energie abgegolten wird. Auch hierfür muss eine Methode von den ÜNB festgelegt werden.

3.4.3 Verrechnung der Ausgleichsenergie mit den BRP

Für die Verrechnung der Ausgleichsenergie ist der jeweilige ÜNB zuständig, in dessen Verantwortungsbereich die Bilanzgruppe der Balancing Responsible Party (BRP) liegt. Als Ausgleichsenergie im Sinne dieser Arbeit soll jene Energiemenge verstanden werden, um welche eine Bilanzgruppe in einem Abrechnungszeitintervall unausgeglichen ist. Ein europaweit harmonisiertes Zeitintervall ist von den ÜNB auszuarbeiten, wobei dieses nicht länger als 30 Minuten sein darf. Außerdem darf kein einzelner ÜNB verpflichtet werden, sein bisheriges Abrechnungszeitintervall zu verlängern.

Die jeweilige Ausgleichsenergiemenge muss vom zuständigen ÜNB für jede Bilanzgruppe festgelegt werden. Dazu sollen drei Komponenten, nach dem Prinzip eines Buchungskontos, zur Anwendung kommen. Die sogenannte Final Position stellt das Fahrplansaldo der Bilanzgruppe dar. Dieses setzt sich aus allen internen und externen Fahrplänen so wie jenen für Erzeugung und Verbrauch in der Bilanzgruppe zusammen. Als zweite Komponente kommen die Allocated Volumes zum Tragen. Diese stellen die eingespeisten bzw. entnommenen Energiemengen an den Netzübergabestellen dar. Diese Komponenten werden noch um die in 3.2.4 beschriebenen Imbalance Adjustments aus der Aktivierung von Regelenergie ergänzt. Der verbleibende Saldo stellt die Ausgleichsenergiemenge für das jeweilige Abrechnungszeitintervall dar. Dieses Vorgehen wird in unten stehender Grafik dargestellt.

Abbildung 7: Ermittlung der Ausgleichsenergie pro Bilanzgruppe

(Quelle: Eigene Darstellung)

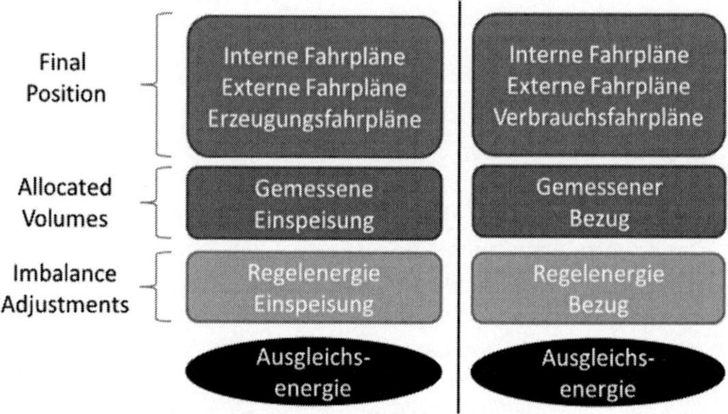

Auch der Ausgleichsenergiepreis muss vom ÜNB ermittelt werden. Der Networkcode bestimmt auch in diesem Punkt die Methode nicht exakt. Er schreibt allerdings vor, dass dieser Preis getrennt nach fehlender und überschüssiger Menge pro Abrechnungszeiteinheit zu bestimmen ist. Außerdem darf er nicht kleiner sein als der Preis für die zum Ausgleich in die Gegenrichtung abgerufene Regelenergie, auch unter Einbeziehung der vermiedenen Abrufe durch ein eventuelles Imbalance Netting.

3.5 Reporting- und Veröffentlichungspflichten

ENTSO-E muss jedes Jahr einen Report an ACER übermittelt, welcher die Fortschritte der Implementierung des NC EB beinhaltet. Die Punkte die in diesem Bericht enthalten sein müssen gibt der Networkcode genau vor. Alle ÜNB sind verpflichtet die betreffenden Daten zur Verfügung zu stellen.
Die Übertragungsnetzbetreiber müssen ihrerseits in verschiedenen Zeitintervallen Informationen über die Beschaffung von Netzregelung veröffentlichen. Diese sind in unten stehender Tabelle zusammengefasst.

Information	Frist
Ausschreibungsbedingungen für den Regelenergiemarkt	Eine Woche vor Anwendung
Reservierte Grenzkapazitäten für den Austausch von Netzregelung	24 Stunden nach der Reservierung
Methode der Kapazitätsreservierung	Ein Monat vor Anwendung
Beschreibung der verwendeten Algorithmen	Ein Monat vor Anwendung

Tabelle 5: Veröffentlichungspflichten der ÜNB

(Quelle: Eigene Darstellung)

4 Prozessdesign

Wie in den bisherigen Kapiteln dargelegt, sind die ÜNB für die Aufrechterhaltung des Gleichgewichts von Erzeugung und Verbrauch in ihrem Verantwortungsbereich durch Beschaffung und Einsatz von Netzregelung zuständig.
Der Networkcode on Electricity Balancing gibt Rahmenbedingungen vor, die bei
der Abwicklung dieser Aufgaben zu berücksichtigen sind. Es ist an den ÜNB,
interne Prozesse zu entwickeln, die diese Vorgaben berücksichtigen. In diesem
Kapitel werden solche Prozesse auf einer makroskopischen Ebene beispielhaft
entworfen und alternative Ausgestaltungen miteinander verglichen.
Die Entwicklung und Darstellung der Prozessmodelle erfolgt dabei, in leicht
abgewandelter Form, mittels einer Ereignisgesteuerten Prozesskette in Spalten-
darstellung. Diese Form ermöglicht sowohl die Darstellung von internen
Prozessabläufen der ÜNB, als auch der externen, die z.B. von den Funktionen in
einer CoBA durchgeführt werden.[7] Darin besteht auch die leichte Abwandlung.
Es wird auf die Granularität verzichtet, einzelne interne Stellen und Funktionen
der ÜNB als Durchführer oder Unterstützer bei einzelnen Prozessschritten
darzustellen. Der Fokus liegt stattdessen auf der Trennung der Zuständigkeiten
der ÜNB von jenen der Funktionen. Darüber hinaus bietet diese Darstellungs-
form eine nachvollziehbare Grundlage für die nachfolgende, betriebswirtschaftliche Bewertung[8] Auf dieser Trennung bzw. deren Interpretation
beruhen auch die Entwürfe der Prozessalternativen. Es werden für jene Prozesse,
für die es sinnvoll ist, Prozesse dargestellt, welche die ÜNB so stark wie möglich
als Abwickler der einzelnen Schritte heranziehen. In diesen Prozessen werden
die Tätigkeiten der CoBA Funktionen auf das notwendige Minimum reduziert.
Diesen werden Prozessmodelle gegenübergestellt, die die Tätigkeit der
Funktionen in den Mittelpunkt stellen und diesen die größtmöglichen Kompetenzen zuweisen.
Die unten stehende Grafik zeigt einen Überblick über die notwendigen
Hauptprozesse für die Netzregelung und deren Zusammenhang. Dieser

---

[7] Vgl. Becker, Kugeler, Rosemann (2008); Seite 65 ff
[8] Vgl. Ebda.; Seite 507 ff

Überblick soll als Ordnungsrahmen im Sinne von Becker, Kugler und Rosemann verstanden werden.[9]

Abbildung 8: Hauptprozesse für die Netzregelung

(Quelle: Eigene Darstellung)

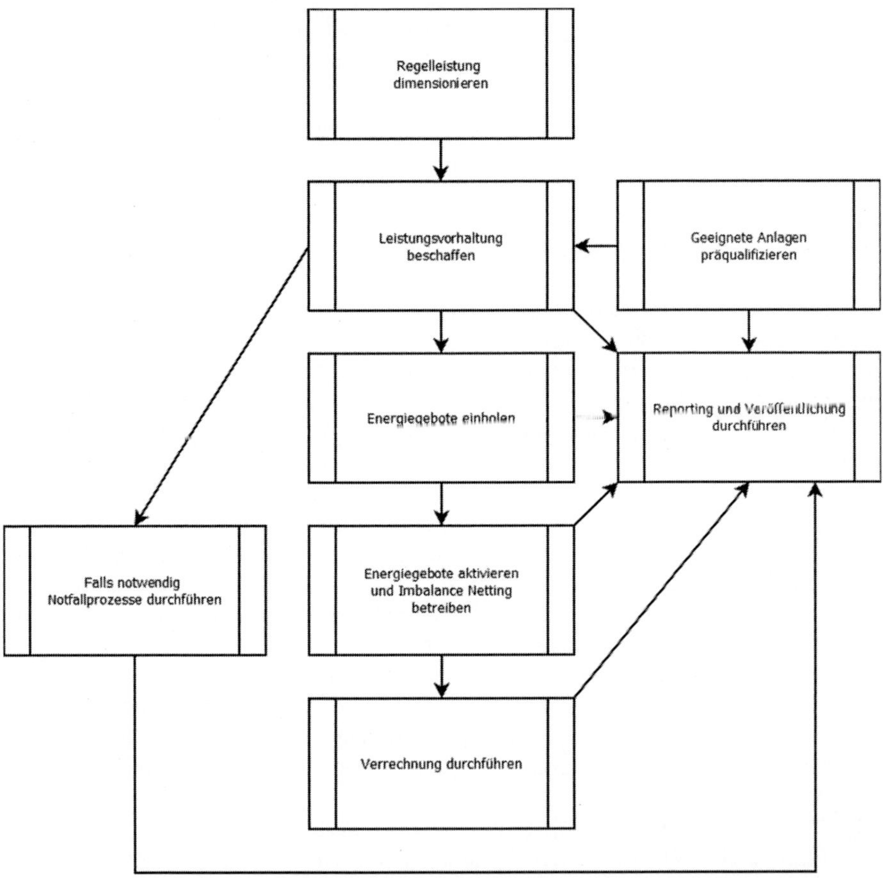

Diese Hauptprozesse werden in weiterer Folge mit den oben beschriebenen, alternativen Herangehensweisen weiter detailliert dargestellt. Außer Acht

---

[9] Vgl. Ebda.; Seite 105 ff

gelassen werden hierbei die beiden Hauptprozesse Regelleistung dimensionieren und Geeignete Anlagen präqualifizieren, da diese nicht im NC EB sondern im NC LFC&R geregelt sind. Für den Entwurf der in diesem Kapitel dargestellten Prozesse wird außerdem von der vollständigen Marktintegration, gemäß den Europäischen Integrationsmodellen ausgegangen. Die Funktionen, wie in 3.1.4 beschrieben, werden in den Prozessen als externe Entitäten dargestellt. Für die Darstellung der Prozesse werden die in der unten stehenden Tabelle beschriebenen Formen und Verbindungselemente verwendet.

Element	Bedeutung
	Prozess bzw. Subprozess, der weitere Prozessschritte beinhaltet.
	Prozessschritt, der die feinste Granularität der beschriebenen Abläufe darstellt.
	Prozessstart / Prozessende / Anstoß für Prozessschritte
	Verträge / Dokumente / Daten
	Externe Entitäten / Funktionen in einer CoBA, laut 3.1.4
	Entscheidung / Abzweiger
	Prozessablauf

Tabelle 6: Formen und Verbindungselemente zur Prozessdarstellung

(Quelle: Eigene Darstellung)

4.1 Leistungsvorhaltung beschaffen

Leistungsvorhaltung ist für alle Regelungsarten zu beschaffen. Für FCR ist zwar laut dem Networkcode eine marktbasierte Beschaffung nicht zwingend notwendig, im Rahmen dieser Arbeit wird dies aber vorausgesetzt. Damit gelten die hier beschriebenen Prozesse für alle Regelungsarten gleichermaßen.

Beide unten dargestellten Prozessalternativen beziehen sich zunächst auf Vorgaben aus verschiedenen Networkcodes, was die Ermittlung des Bedarfs und die zeitliche Dimension der Beschaffung betrifft. Im darauffolgenden Prozessschritt beginnen sie voneinander abzuweichen. In der funktionszentrierten Ausgestaltung findet eine Verschiebung der Kompetenz zur operativen Durchführung der Beschaffung, weg vom ÜNB, hin zur CPOF statt. Diese Verschiebung betrifft allerdings ausschließlich die organisatorische Abwicklung. Die aus dem Beschaffungsprozess hervorgehenden Vertragsbeziehungen bestehen weiterhin zwischen den BSP und dem jeweiligen Connecting TSO. Dies garantiert die Einhaltung des im NC EB geforderten TSO-TSO-Modells.

Bei einer gemeinsamen Beschaffung innerhalb einer CoBA werden nicht nur Verträge mit den BSP im eigenen Verantwortungsbereich abgeschlossen, sondern auch mit anderen ÜNB. Sind die Gebote im Verantwortungsbereich eines anderen ÜNB für das Gesamtsystem günstiger, werden diese anstatt jener aus dem eigenen Verantwortungsbereich zugeschlagen und vice versa. Daraus resultieren Verträge über den Austausch von Leistungsvorhaltung zwischen den beteiligten ÜNB, da in einem TSO-TSO Modell ein ÜNB keine direkten Verträge mit BSP außerhalb seines eigenen Verantwortungsbereichs abschließen kann. Dieses Vorgehen ist für beide Prozessalternativen ident.

Die Bestimmung der zuzuschlagenden Gebote obliegt in beiden Prozessen, wie im Networkcode vorgesehen, der CPOF. Dabei müssen auch eventuell anfallende Kosten für die Reservierung von Grenzkapazitäten berücksichtigt werden. Die Ermittlung der bei dieser Optimierung zur berücksichtigenden monetären Werte dieser Reservierungen kann nach den in 3.3.1 beschriebenen Methoden erfolgen. Werden Grenzkapazitäten reserviert, so entstehen Verträge über die Reservierung von Grenzkapazitäten zwischen dem jeweils beschaffenden ÜNB und dem Eigentümer dieser Kapazitäten. Die genaue Methodik der Verteilung der daraus entstehenden Kosten bei einer gemeinsamen Beschaffung ist von den ÜNB im Rahmen der Implementierung festzulegen.

Sind die zuzuschlagenden Gebote bestimmt, erfolgt im funktionszentrierten Modell der Zuschlag an die BSP direkt über die CPOF, die ÜNB-BSP-Vertragsdaten werden im Anschluss an die Connecting TSOs übermittelt.

Im ÜNB-zentrierten Modell wird den Connecting TSOs mitgeteilt, welche Gebote sie zuzuschlagen haben. Der Zuschlag erfolgt dann durch diese ÜNB. Die CPOF wird im Anschluss über den korrekten Abschluss informiert. In einem weiteren Schritt übermittelt die CPOF die Verträge über den Austausch von Leistungsvorhaltung und die Reservierung von Grenzkapazitäten an die betroffenen ÜNB.

BSP die einen Zuschlag für Leistungsvorhaltungen bekommen, sind in weiterer Folge verpflichtet für den betreffenden Zeitraum, im dafür vorgesehenen Prozess, auch Energiegebote abzugeben.

In einem finalen Schritt müssen, in beiden Varianten, die Informationen über die reservierten Grenzkapazitäten von der CPOF an die AOF übermittelt werden. Diese benötigt die Informationen in weiterer Folge zur Optimierung der Aktivierung. Dazu muss die AOF, wie in 3.3.2 beschrieben, wissen, welche Übertragungskapazitäten genutzt werden können, sowohl reservierte als auch frei verfügbare.

Schlägt die Beschaffung fehl, kommen in einem ersten Schritt Eskalationsprozesse zum Einsatz, die darauf abzielen, säumige Akteure zur Durchführung der Prozessschritte in ihrem Zuständigkeitsbereich aufzufordern. Diese Eskalationsprozesse können in verschiedenster Art ausgestaltet werden, sind aber von ihrer Grundidee so simpel, dass auf eine detaillierte Darstellung im Rahmen dieser Arbeit verzichtet wird.

Führt auch die Eskalation nicht zum gewünschten Erfolg, kommen die Notfallprozesse zu Einsatz, welche die ÜNB mit gesonderten Kompetenzen ausstatten, damit die Netzregelung aufrecht erhalten werden kann. Diese werden im Verlauf dieser Arbeit gesondert abgehandelt.

Die Prozessabläufe sind in den beiden unten stehenden Grafiken dargestellt.

Abbildung 9: Leistungsvorhaltung beschaffen – ÜNB-zentriert

(Quelle: Eigene Darstellung)

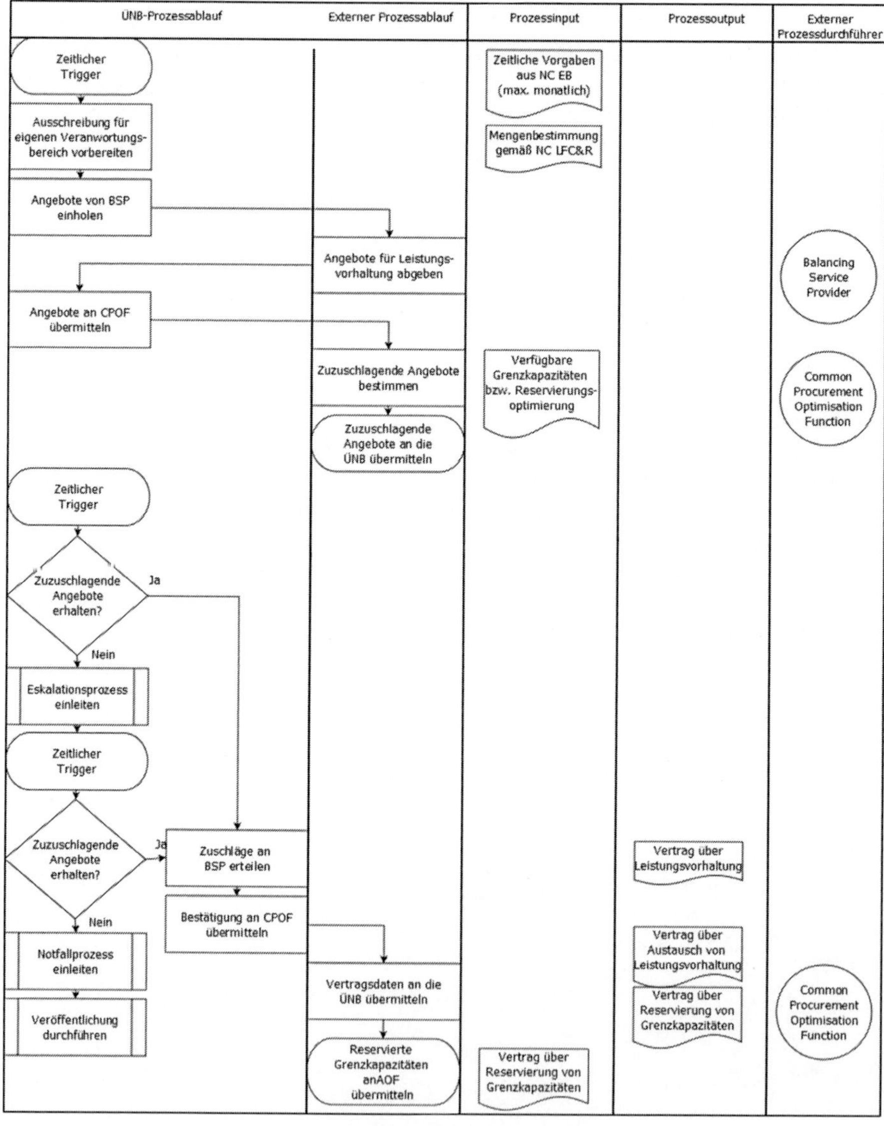

Abbildung 10: Leistungsvorhaltung beschaffen – funktionszentriert

(Quelle: Eigene Darstellung)

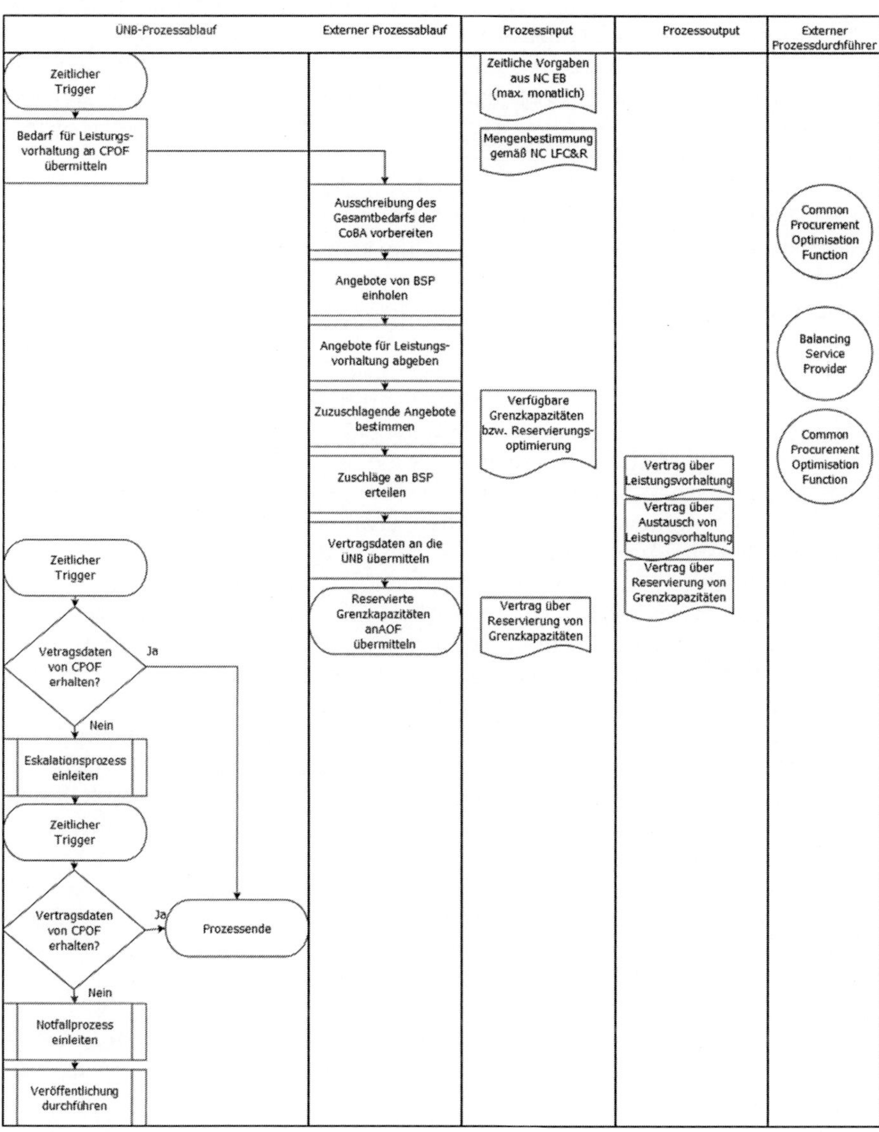

4.2 Transferhandel durchführen

Wie in 3.2.2 ausgeführt, muss sichergestellt werden, dass BSP ihre Verpflichtung zur Leistungsvorhaltung und damit in weiterer Folge ihre Verpflichtung zur Abgabe von Energiegeboten an andere BSP der CoBA abtreten können. Dieser Prozess kann sowohl ÜNB-zentriert als auch funktionszentriert abgewickelt werden. Die beiden Alternativen sind unten getrennt voneinander dargestellt.

In beiden Fällen wird der Prozess durch den BSP angestoßen, der seine Leistungsvorhaltung nicht länger erfüllen kann oder will. Dieser kann sich selbstständig um einen Ersatz kümmern, um keine Vertragsstrafe zu riskieren. Ist ein BSP gefunden der die Verpflichtung übernehmen kann, kommt zwischen den beiden BSP ein Vertrag über den Transfer von Leistungsvorhaltung zustande. Dieser ist zwischen diesen beiden Parteien abzurechnen und geht in weiterer Folge nicht die Prozesse der ÜNB oder der CoBA-Funktionen ein.

Im ÜNB zentrierten Prozess müssen die betroffenen Connecting TSOs über den Transfer informiert werden. Befinden sich beide BSP im Verantwortungsbereich desselben Connecting TSOs, erhält dieser die Information von beiden Seiten. Die Connecting TSOs geben die Information über den Transfer im weiteren Verlauf an die TBCF weiter. Hat die Funktion die Informationen von beiden Seiten erhalten, übermittelt sie diese als Bestätigung an den jeweiligen Gegenpart.

Da mit der Pflicht zur Leistungsvorhaltung auch die Pflicht zur Abgabe von Energiegeboten verbunden ist, muss diese in den Beschaffungssystemen der ÜNB angepasst werden. Damit wird sichergestellt, dass beim zukünftigen Einholen von Energiegeboten die korrekte Anzahl, in richtiger Höhe von den richtigen BSP eingeholt wird.

Sind für den Zeitraum, für den der Transfer gilt, bereits Energiegebote vorhanden, müssen diese als transferiert gekennzeichnet werden. Das Gebot wird nach wie vor dem Original BSP zugerechnet, und die daraus eventuell aktivierte Energie auch mit diesem zur Verrechnung gebracht. Die vertraglichen Beziehungen, zwischen ÜNB und BSP ändern sich durch einen Transferhandel nicht. Physikalisch erfolgt die Aktivierung der transferierten Energiegebote jedoch über die technischen Anlagen des Ersatz BSP. Wie dieser die Aktivierung vergütet bekommt, muss zwischen den am Transfer beteiligten BSP vertraglich geregelt werden und ist nicht Gegenstand der Prozess der ÜNB oder der CoBA-Funktionen.

Der Connecting TSO des Original BSP muss demnach sicherstellen, dass bei einer Aktivierung des Gebotes, die daraus resultierende Energie mit dem BSP zur Abrechnung gebracht wird, aber dessen Anlagen physikalisch nicht aktiviert werden. Umgekehrt muss der Connecting TSO des Ersatz BSP die physikalische

Aktivierung dessen Anlagen durchführen, diese allerdings nicht verrechnen. Dazu muss der erstere ÜNB das bestehende Gebot in seiner lokalen Merit Order als transferiert kennzeichnen, der zweite ein so gekennzeichnetes Gebot in seine neu aufnehmen.

Ist dieser Schritt durchgeführt, bestätigen das die beiden Connecting TSOs an die TBCF. Diese übermittelt die Informationen an die AOF, welche die betroffenen Energiegebote in der CMO als transferiert kennzeichnen muss. Dies geschieht damit bei einer eventuellen Aktivierung gemäß 4.4 beide vom Transfer betroffenen Connecting TSO die Aufforderung zur Aktivierung erhalten. Damit ist ein Vorgehen, eine getrennte Aktivierung und Verrechnung betreffend, wie oben beschrieben, erst möglich.

Dieses ÜNB-zentrierte Vorgehen ist in unten stehender Grafik dargestellt.

Abbildung 11: Transferhandel – ÜNB-zentriert

(Quelle: Eigene Darstellung)

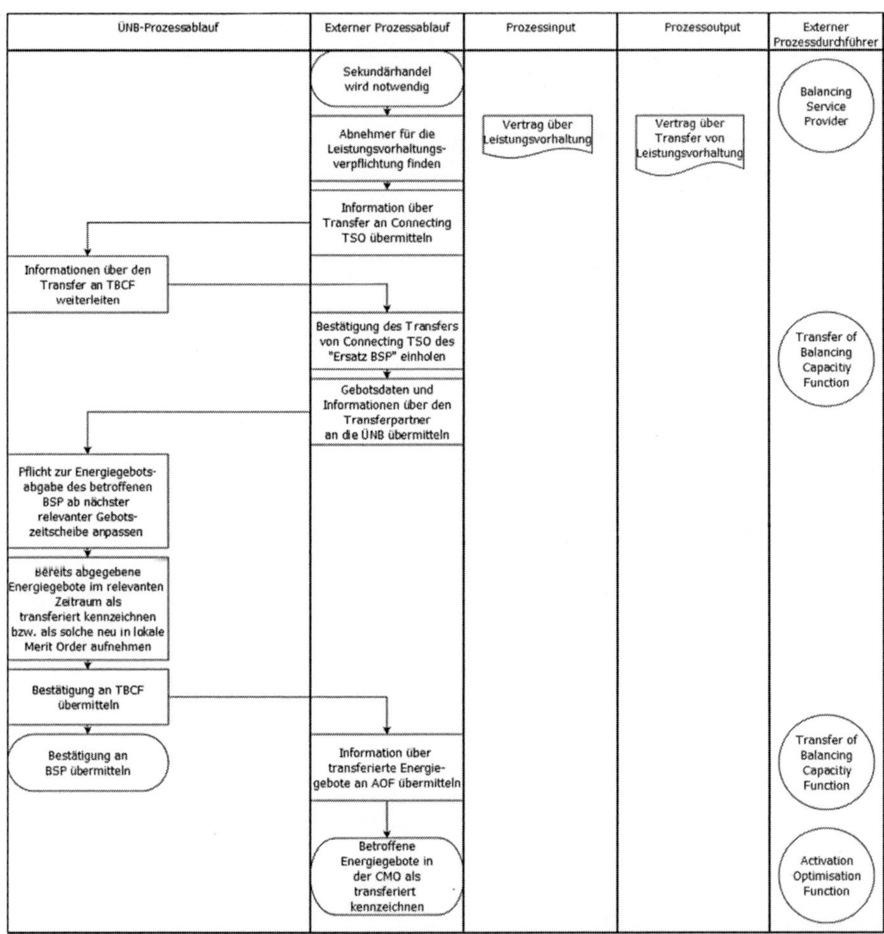

Bei einem funktionszentrierten Vorgehen werden die ÜNB erst am Ende des Prozesses informiert, um die Anpassungen an den lokalen Merit Orders vornehmen zu können. Der restliche Prozessablauf erfolgt über die Funktionen. Dies ist auch deshalb möglich, da das Einholen von Energiegeboten, wie in 4.3 beschrieben, bei einem funktionszentrierten Prozessmodell direkt zwischen der AOF und den BSP erfolgt. Dieser Logik folgend, kommunizieren die am Transfer beteiligten BSP direkt mit der TBCF um diese zu informieren. Die TBCF gibt diese Informationen direkt an die AOF weiter, durch welche in diesem Fall sowohl die Anpassungen hinsichtlich der zu erwartenden Energiegebotsabgabe, als auch jene der CMO erfolgen muss. Sind diese Prozessschritte durchgeführt und an die TBCF bestätigt, informiert diese die ÜNB, welche in weiterer Folge die Anpassungen der lokalen Merit Orders vornehmen.

Dieses Vorgehen ist im unten abgebildeten Prozessdiagramm dargestellt.

Abbildung 12: Transferhandel – funktionszentriert

(Quelle: Eigene Darstellung

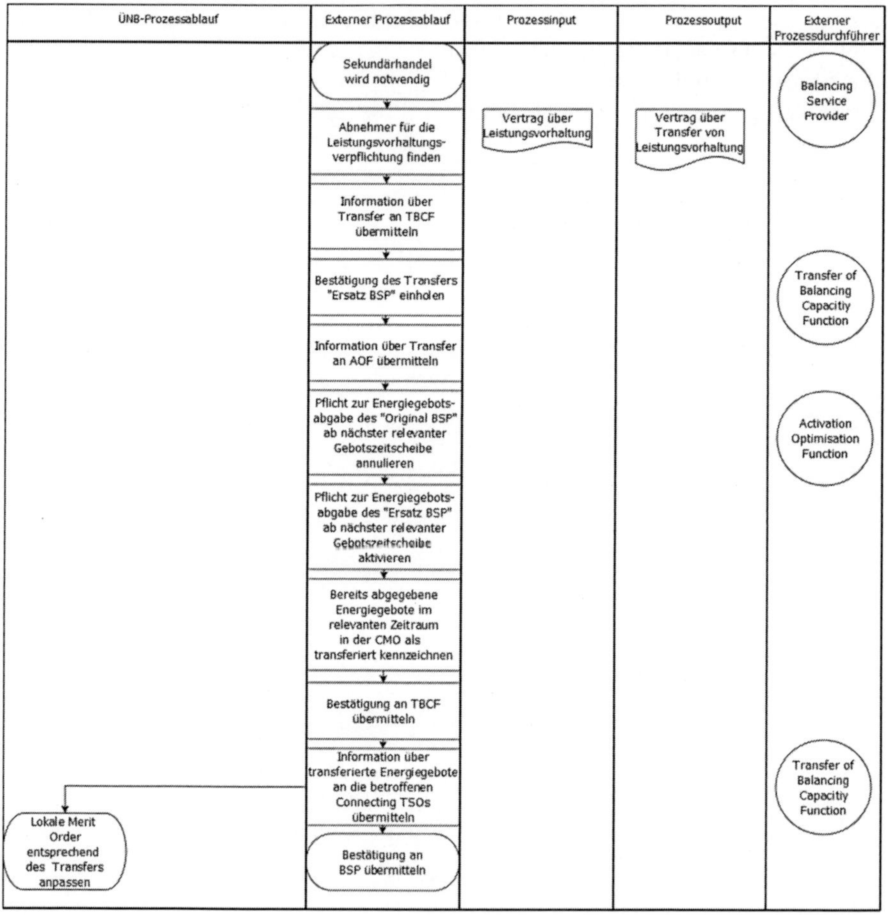

4.3 Energiegebote einholen

Das Einholen von Energiegeboten ist für FCR nicht notwendig. Dem entsprechend gelten die unten dargestellten Prozesse nur für aFRR, mFRR und RR. Die Prozesse sind so dargestellt, dass sie für diese Regelungsarten Gültigkeit haben, auch wenn zum Teil unterschiedliche Vorgaben, vor allem in zeitlicher Hinsicht, aus dem Networkcode zur Anwendung kommen. So muss, wie in 3.2.3 beschrieben, für Regelungsprodukte mit manueller Aktivierung die BEGCT nach dem Gate Closure für den Intradayhandel liegen, für Produkte mit manueller Aktivierung kann dies auch davor liegen. Jedenfalls sollen zeitliche Überschneidungen mit dem Intradayhandel vermieden werden.

In der prozessualen Ausgestaltung würde somit für automatisch aktivierbare Produkte die gesamte Abwicklung der Energiegebotseinholung vor der Gate Open Time für die relevante Intraday-Zeitscheibe erfolgen. Theoretisch denkbar wäre, in Übereinstimmung mit den Vorgaben für die Vergabe von Leistungsvorhaltung aus dem NC EB, ein Zeithorizont von bis zu einem Monat vor Aktivierung. Für Gebote mit manueller Aktivierung müsste, um eine Überschneidung mit dem Intradayhandel zu vermeiden, sowohl Öffnung als auch Schließung der Gebotsabgabe nach der Gate Closure Time für die relevante Intraday-Zeitscheibe liegen.

Für den österreichischen Markt beträgt die Vorlaufzeit für den Intradayhandel an der Strombörse EPEX Spot zurzeit 75 Minuten für Stundenprodukte, für den deutschen Markt 45 Minuten für 15-Minuten-Produkte.[10] Es wird in dieser Arbeit nicht davon ausgegangen, dass die Granularität der Produkte im Intraday-Handel im Zuge einer Harmonisierung gröber werden sollen. Daher werden die deutschen Vorlaufzeiten und Produkte herangezogen. Für die Abgabe von Energiegeboten, für Produkte mit manueller Aktivierung, würde dies bedeuten, dass ein Gate Open frühestens 45 Minuten vor einer möglichen Aktivierung erfolgen könnte. Die BEGCT müsste außerdem so gewählt werden, dass ausreichend Zeit für die Verarbeitung der Gebote bleibt. Nimmt man für eine europaweite Verarbeitung dieser Daten 30 Minuten an, bleibt ein Zeitfenster von 15 Minuten für die Gebotsabgabe. Dieser Prozess muss, um Überschneidungen zu vermeiden, gestaffelt, alle 15 Minuten wiederholt werden. Die in den unten dargestellten Prozessdiagrammen enthaltenen zeitlichen Trigger müssen bei ihrer Ausgestaltung diese zeitlichen und organisatorischen Vorgaben, in Abhängigkeit des betroffenen Produktes, berücksichtigen.

Die beiden unten dargestellten Prozessmodelle unterschieden sich, wie schon bei der Beschaffung von Leistungsvorhaltung in 4.1, in der Zuständigkeit für den

---

[10] Vgl. EPEX Spot (2014); [online]

Beschaffungsprozess. Im ÜNB-zentrierten Prozess tritt die AOF nur als Ersteller der CMO, aus den von den ÜNB übermittelten Energiegeboten auf. Sämtliche anderen Aufgaben werden von den ÜNB in Zusammenarbeit mit den BSP übernommen. Im funktionszentrierten Ansatz ist die AOF direkt für das Einholen der Gebote von den BSP verantwortlich. Dies betrifft wiederum nur die organisatorische Abwicklung. Verantwortlich sind die BSP für die Energie-gebote und deren Verfügbarkeit immer gegenüber ihrem zuständigen Connecting TSO.

Eine Vertragsbeziehung mit monetärer Auswirkung entsteht in diesem Prozess nicht. Es werden die Preise festgelegt die bei einer Aktivierung für die bereitgestellte Energie bezahlt werden müssten. Ein Vertrag über Energielieferung kommt erst durch die Aktivierung eines Gebotes zustande, da erst hier neben dem Preis die Mengenkomponente der Kostenberechnung festgelegt wird. Dieser Prozess wird im nachfolgenden Kapitel behandelt.

Für das Einholen von Energiegeboten sind, genau wie für die Beschaffung von Leistungsvorhaltung, Eskalations- und Notfallprozesse vorgesehen. Für die Abwicklung der Notfallprozesse ist es notwendig, dass dem zuständigen ÜNB die in seinem Verantwortungsbereich verfügbaren Energiegebote bekannt sind.

Für die Ergebnisse der Beschaffung von Energiegeboten sieht der NC EB, im Unterschied zur Beschaffung von Leistungsvorhaltung, außerdem explizit eine Pflicht zur Veröffentlichung vor. Falls notwendig, können die Ergebnisse auch aggregiert und anonymisiert veröffentlicht werden. Dies wird im weiteren Verlauf dieser Arbeit gesondert abgehandelt.

Die beiden Ausgestaltungsvarianten des Prozesses für das Einholen von Energiegeboten sind in den unten stehenden Grafiken dargestellt.

Abbildung 13: Energiegebote einholen – ÜNB-zentriert

(Quelle: Eigene Darstellung)

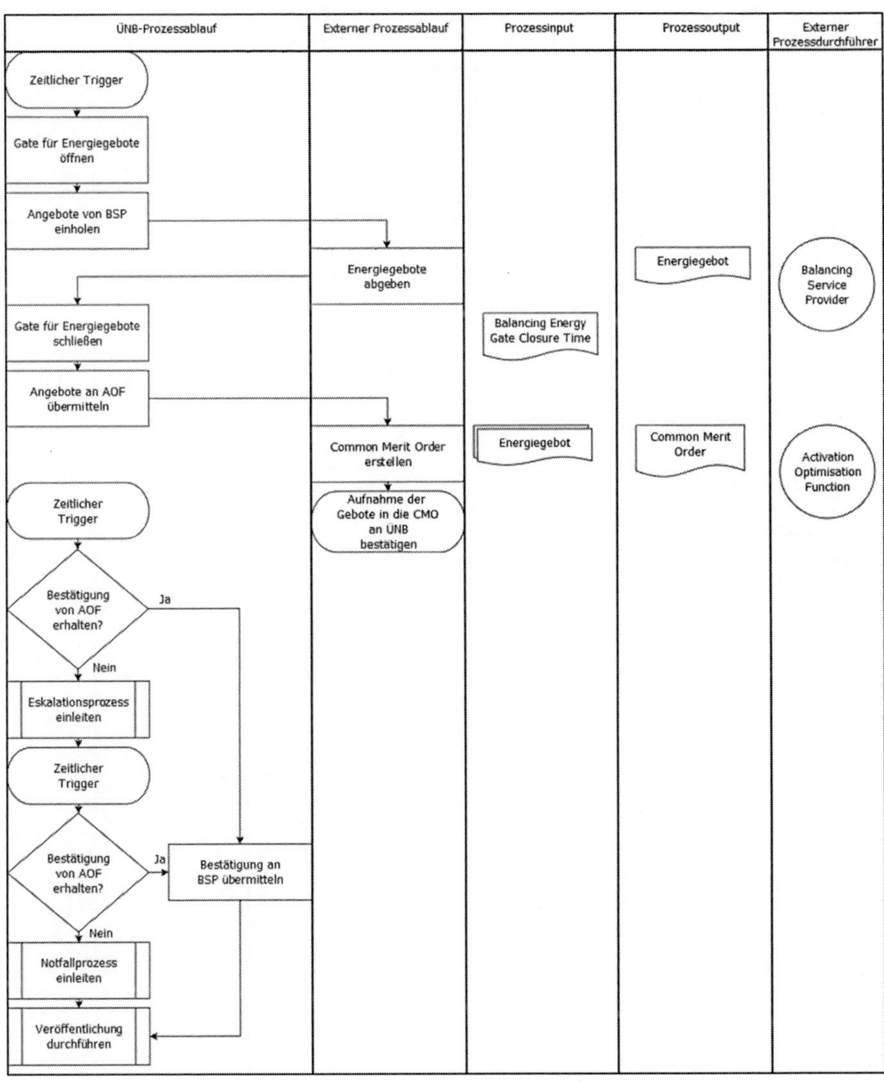

Abbildung 14: Energiegebote einholen – funktionszentriert
(Quelle: Eigene Darstellung)

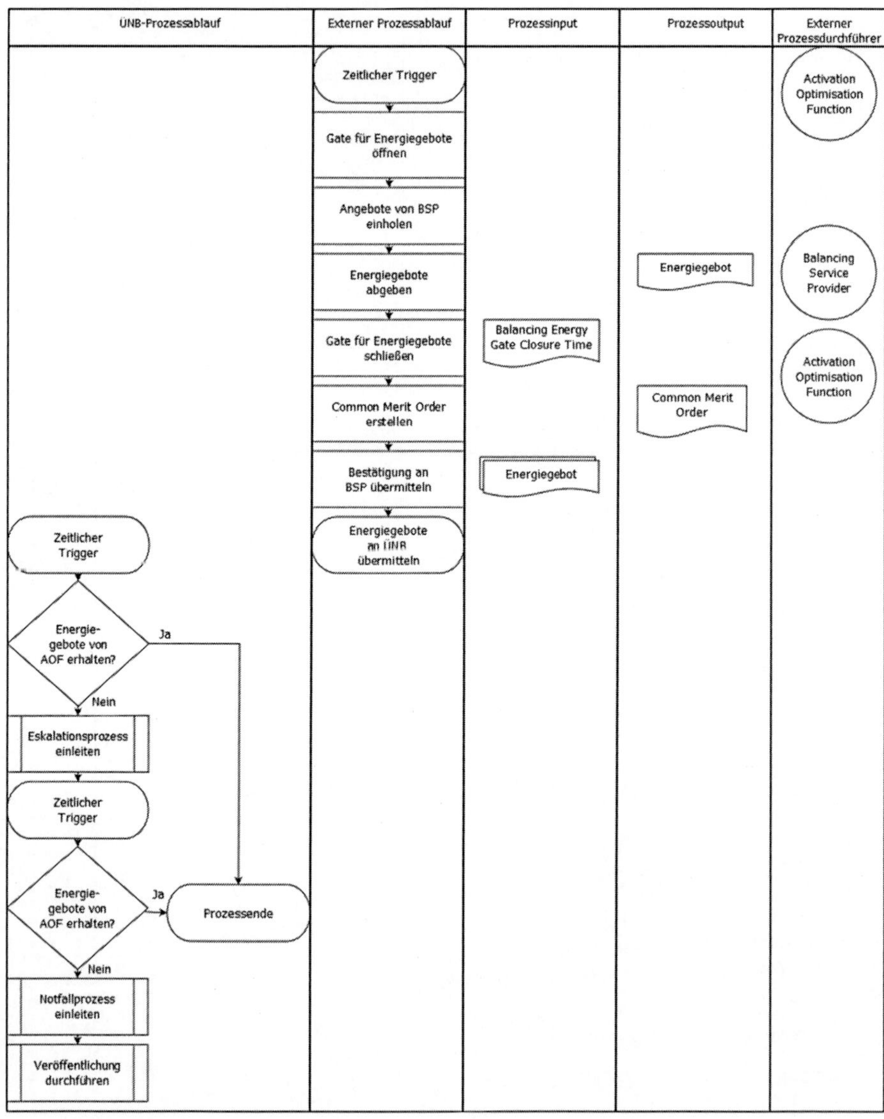

4.4 Energiegebote aktivieren und Imbalance Netting betreiben

Die in 4.1 und 4.2 beschriebenen Prozesse dienen der Bereitstellung von aktivierbarer Netzregelung, also zur Sicherstellung, dass die hier beschriebenen Aktivierungsprozesse, die eigentliche operative Netzregelung, durchgeführt werden können.

Im Gegensatz zu den bisher behandelten Prozessen, kann bei der Aktivierung von Energiegeboten kein Kompetenztransfer an die CoBA-Funktionen erfolgen. Die Überwachung der Netzfrequenz, der Einsatz von Netzregelung zu deren Aufrechterhaltung, sowie die Sicherstellung der Erbringung seitens der BSP ist die ureigene und so auch im NC EB festgeschriebene Aufgabe der ÜNB. Aus deren Sicht kann die Aktivierung, wie in 3.2.4 beschrieben, zwei verschiedene Ausprägungen annehmen.

Wird im eigenen Verantwortungsbereich der Einsatz von Netzregelung, also die Aktivierung von Regelenergie notwendig, nimmt der ÜNB die Rolle des Requesting TSO ein. Als dieser beantragt er die Aktivierung von Regelenergie bei der AOF. Diese ermittelt das günstigste, verfügbare Gebot und weist den Connecting TSO, in dessen Verantwortungsbereich sich das Gebot befindet, zur Aktivierung an. Liegt das günstigste Gebot im eigenen Verantwortungsbereich des anfordernden ÜNB, so ist dieser zugleich Requesting und Connecting TSO, hat in diesen beiden Rollen allerdings unterschiedliche Aufgaben zu erfüllen.

Die unten dargestellten Prozesse beziehen sich einmal auf die Sichtweise des Requesting TSO und einmal auf die Sicht des Connecting TSO. Die Prozesse haben sowohl für automatisch als auch manuell zu aktivierende Energiegebote Gültigkeit, unterscheiden sich allerdings in der technischen Ausgestaltung sowie dem zeitlichen Ablauf. Für automatisch zu aktivierende Gebote, z.B. aFRR, werden diese Prozesse kontinuierlich, in einem Raster von wenigen Sekunden angestoßen. Für manuell zu aktivierende Regelungsarten werden die Prozesse hingegen im Anlassfall durchgeführt.

Im Networkcode on Electricity Balancing ist nicht geregelt, ob Energiegebote nur vollständig oder auch teilweise (nicht in voller Höhe, bzw. nicht in vollem zeitlichen Ausmaß) aktiviert werden können. Dies ist im Zuge der Implementierung von den ÜNB zu klären und kann zwischen einzelnen Produkten aber auch Regelungsarten differieren. Bei der Entwicklung der Prozesse wurde eine Aktivierbarkeit von vollständigen Geboten angenommen. Sie sind aber sinngemäß auch auf eine teilweise Aktivierung anwendbar.

4.4.1 Aktivierung aus Sicht des Requesting TSO

Den Anstoß für den Prozess des Requesting TSO stellt die Notwendigkeit zur Aktivierung von Regelenergie dar. Diese kann sich, je nach Regelungsart, aus verschiedenen Handlungsnotwendigkeiten ergeben. Diese können Stabilisierung oder Wiederherstellung der Sollfrequenz, bzw. die Ablöse von kurzfristigeren durch längerfristige Regelungsprodukte sein. Manuelle Regelungsarten können außerdem für nicht der Netzregelung zugehörigen Zwecke aktiviert werden. Diese müssen aber gesondert betrachtet werden, da sie den Ausgleichsenergiepreis nicht beeinflussen dürfen. Eine eigene Betrachtung solcher Sonderaktivierungen bleibt in dieser Masterarbeit aus.

Steht die Höhe des Bedarfs fest, wird dieser zunächst an die INPF übermittelt, um ein eventuell mögliches Imbalance Netting Potenzial auszuschöpfen. Diese Funktion ermittelt aus dem aktuellen Bedarf der teilnehmenden ÜNB etwaige Saldierungsmöglichkeiten von ansonsten gegenläufigen Aktivierungen. Sie ermittelt für jeden teilnehmenden ÜNB, unter der Berücksichtigung von verfügbaren Grenzkapazitäten, jene Menge, um die die Aktivierung korrigiert werden kann und übermittelt diese an ihn. Der sich daraus beim Requesting TSO ergebende Restbedarf stellt die Grundlage der Anforderung bei der AOF dar. Diese Korrektur ist zugleich die für die Abrechnung relevante, genettete Energiemenge pro ÜNB, pro Abrechnungszeiteinhcit. Ein Preis für diese Menge steht zu diesem Zeitpunkt noch nicht fest, sondern wird in den Abrechnungsprozessen von der IPNF ermittelt.

Hat der Requesting TSO seine Anforderung an die AOF übermittelt, bestimmt diese, ebenfalls unter Berücksichtigung der zur Verfügung stehenden Grenzkapazitäten, das günstigste aktivierbare Gebot aus der CMO. Die Funktion weißt den zuständigen Conneting TSO an, das Gebot zu aktivieren und bestätigt die Aktivierung an den Requesting TSO.

Ist der Requesting TSO nicht gleich dem Connecting TSO, entsteht zwischen den beiden in diesem Schritt ein Vertrag über den Austausch von Regelenergie. Dieser enthält die Abrufmenge und den Gebotspreis als Komponenten. Außerdem entsteht ein Vertrag über die Nutzung von Grenzkapazitäten für den Requesting TSO. Dieser enthält ebenfalls die Abrufmenge als Komponente, der Wert muss, nach einer den in 3.3.2 beschrieben Vorgaben entsprechenden Methode, bestimmt werden. Wie diese Kosten zu verrechnen sind, lässt der Networkcode offen.

Schlägt die Aktivierung fehl, hat der Requesting TSO auch in diesem Prozess die Möglichkeit Eskalations- und Notfallprozesse einzuleiten. Kommen Notfallprozesse zum Einsatz muss dies schnellstmöglich veröffentlicht werden.

Für die gesicherte Erbringung eines Energiegebotes ist der Connecting TSO gegenüber dem Requesting TSO verantwortlich. Schlägt die Aktivierung fehl, entsteht dem Requesting TSO die Möglichkeit sich an diesem schadlos zu halten. Der Connecting TSO kann den entstandenen Schaden an den schlecht leistenden BSP weitergeben. Die in diesem Absatz beschriebenen Möglichkeiten bestehen vorbehaltlich vertraglicher Andersregelungen.

Der Prozess der Aktivierung aus Sicht des Connecting TSO ist in der unten stehenden Grafik dargestellt.

Abbildung 15: Aktivierung aus Sicht des Requesting TSO

(Quelle: Eigene Darstellung)

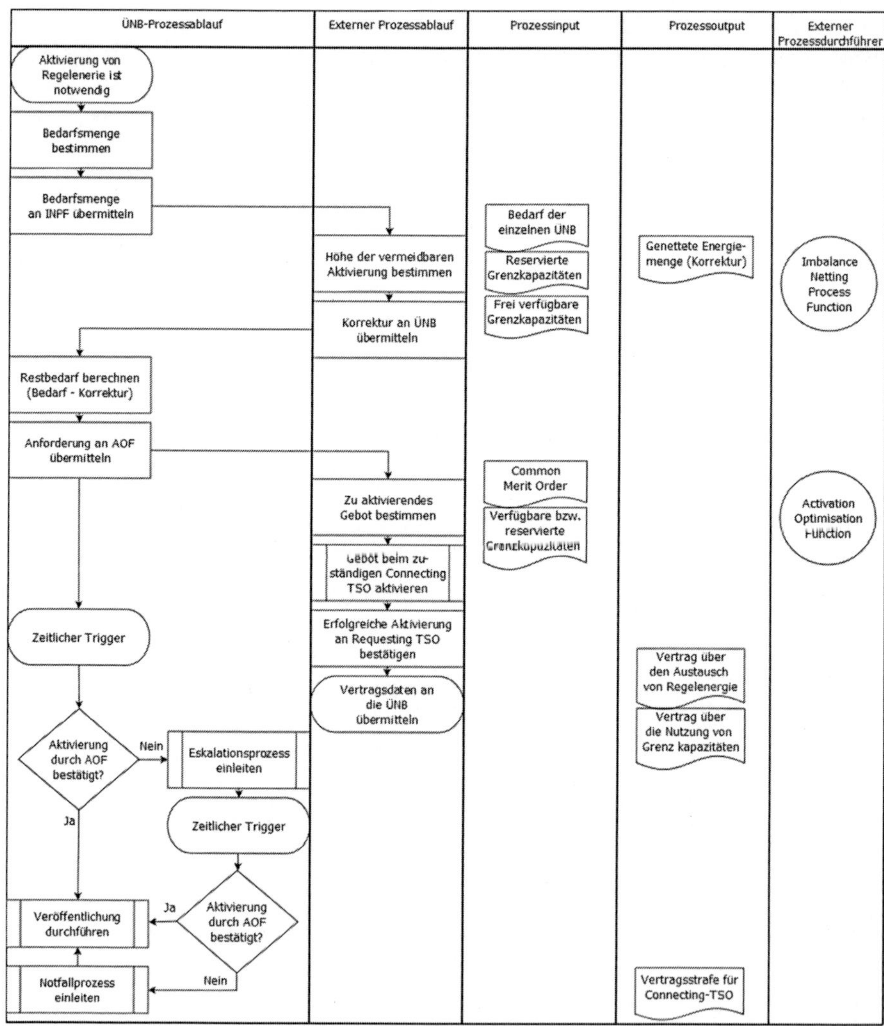

4.4.2 Aktivierung aus Sicht des Connecting TSO

Für den Connecting TSO beginnt der Prozess durch den Eingang der Aufforderung zur Aktivierung von Seiten der AOF. Aus dieser Aufforderung muss das zu aktivierende Gebot ersichtlich sein, beispielsweise durch eine eindeutige Angebotsnummer. Der Connecting TSO muss den betroffenen BSP ermittelt und diesen zur Erbringung auffordern. Es ist außerdem seine Aufgabe die Erbringung zu überwachen und sicherzustellen, dass diese korrekt erfolgt. Die erfolgreiche Aktivierung muss er wiederum an die AOF bestätigen, damit diese die Bestätigung, wie in 4.4.1 beschrieben, an den Requesting TSO weiterleiten kann.

Es entstehen in diesem Schritt die ebenfalls bereits in 4.4.1 beschriebenen Vertragsbeziehungen zwischen den ÜNB, sofern der Connecting TSO nicht mit dem Requesting TSO ident ist. Darüber hinaus entsteht hier der Vertrag über Energielieferung zwischen dem Connecting TSO und dem betroffenen BSP, sofern die Erbringung korrekt erfolgt.

Erfolgt die Erbringung seitens des BSP nicht korrekt, stehen dem Connecting TSO Eskalations- und Notfallprozesse zur Verfügung. Diese sollen eingesetzt werden, damit er seiner Verpflichtung gegenüber dem Requesting TSO nachkommen kann. Kommen Notfallprozesse zur Anwendung muss dies schnellstmöglich veröffentlicht werden. Der Connecting TSO kann sich in diesem Fall am schlechtleistenden BSP schadlos halten.

Erst wenn der Connecting TSO auch durch diese Prozesse eine Aktivierung in seinem Verantwortungsbereich nicht herbeiführen kann, ergeht keine Bestätigung an die AOF, damit auch nicht an den Requesting TSO und dessen Eskalations- bzw. Notfallprozesse beginnen zu greifen. Gemäß den in 4.4.1 beschriebenen Vorgaben, kann dann eine Aktivierung auch ohne Berücksichtigung der CMO, direkt im Verantwortungsbereich des Requesting TSO erfolgen.

Der Aktivierungsprozess des Requesting TSO ist unten grafisch dargestellt.

Abbildung 16: Aktivierung aus Sicht des Connecting TSO

(Quelle: Eigene Darstellung)

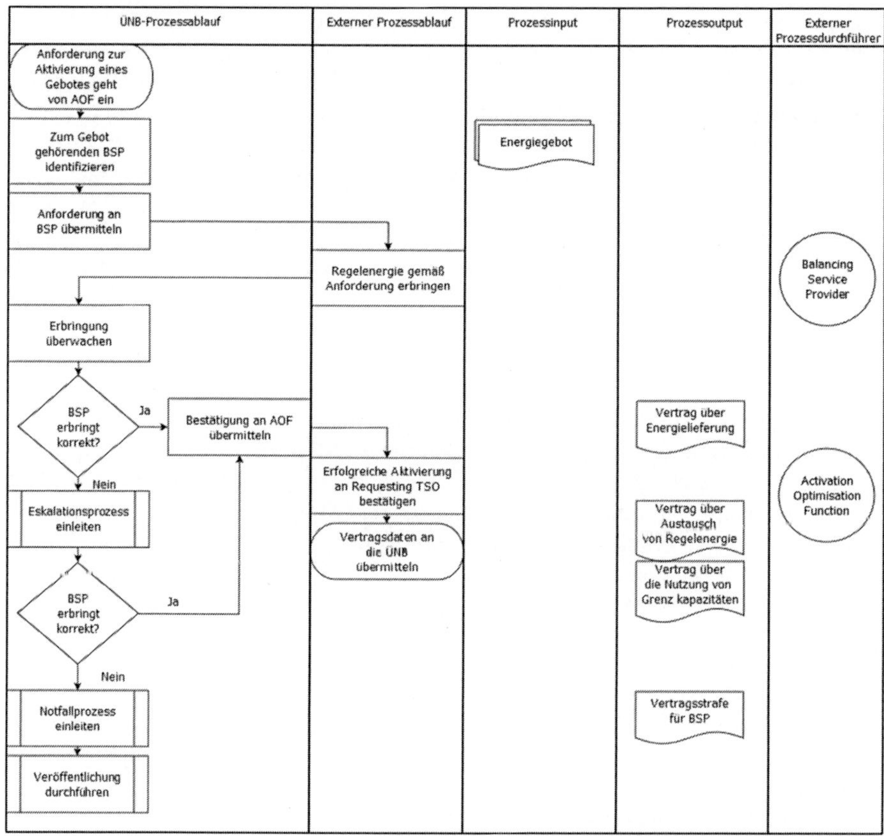

4.5 Verrechnung durchführen

Die Durchführung der Verrechnung nimmt drei verschiedene Dimensionen an, die in diesem Kapitel getrennt dargestellt werden.

Zum einen müssen die aus den oben beschriebenen Prozessen entstandenen Verträge zur Verrechnung kommen. Dies beinhaltet die Verrechnung von Leistungsvorhaltung, Energielieferungen sowie eventuellen Vertragsstrafen gegenüber den BSP. Zudem muss der Austausch von Leistungsvorhaltung und Energie, inklusive der dafür reservierten bzw. verwendeten Grenzkapazitäten, im Rahmen der CoBA mit den anderen beteiligten ÜNB verrechnet werden.

Die aus diesen beiden Abrechnungen entstehenden Kosten und Erlöse bilden in weiterer Folge die wichtigste Preisgrundlage für die Ausgleichsenergieverrechnung mit den BRP.

4.5.1 Verrechnung mit den BSP

Wie in dieser Arbeit bereits mehrfach erwähnt, bestehen Vertragsbeziehungen der BSP ausschließlich mit ihrem Connecting TSO. Dem entsprechend ist auch deren Abrechnung nicht an CoBA-Funktionen delegierbar.

Die notwendigen Informationen für die Verrechnung stehen in Form der Verträge aus den vorangegangenen Prozessen zur Verfügung. Daraus müssen nun die Rechnungen und Gutschriften für die einzelnen BSP erstellt und die Abrechnung durchgeführt werden.

Diesen Vorgang zeigt das unten stehende Prozessdiagramm.

Abbildung 17: Verrechnung mit den BSP

(Quelle: Eigene Darstellung)

ÜNB-Prozessablauf	Externer Prozessablauf	Prozessinput	Prozessoutput	Externer Prozessdurchführer
Zeitlicher Trigger				
Gut- und Lastschriften aus Leistungsverträgen pro BSP für die Abrechnungsperiode bilden		Vertrag über Leistungsvorhaltung		
Gut- und Lastschriften aus Energieverträgen pro BSP für die Abrechnungsperiode bilden		Vertrag über Energielieferung		
Summe etwaiger Vertragsstrafen pro BSP für die Abrechnungsperiode bilden		Vertragsstrafe für BSP		
Gutschrifts- / Rechnungserstellung durchführen			Abrechnung BSP	
Gutschrifts- / Rechnungsversand durchführen				
Zahlungsabwicklung durchführen und überwachen				

4.5.2 Verrechnung mit den ÜNB der CoBA

Die Verrechnung zwischen den ÜNB erfolgt, wie die Verrechnung mit den BSP, auf Basis der Verträge, die in den vorangegangenen Prozessen zustande gekommen sind. Für die Verträge über den Austausch im Rahmen des Imbalance Netting müssen die Preise in diesem Prozess ermittelt werden.

Für diese Verrechnung werden wieder zwei Prozessalternativen dargestellt. Der Auslöser ist für beide eine zeitliche Frist, im aller wahrscheinlichsten Fall, aber nicht zwingend, ein monatlicher Abrechnungsrhythmus. In beiden Varianten beginnt der Prozess mit der Übermittlung der Inputdaten für die Preisermittlung von den ÜNB an die INPF. In den aktuell bereits operierenden, europäischen Imbalance Netting Kooperationen kommt jeweils ein Settlementpreismodell, basierend auf dem mengengewichteten Mittel der Opportunitätspreise der teilnehmenden ÜNB zum Einsatz.[11] Diese Opportunitätspreise wären für diese

---

[11] Vgl. Austrian Power Grid AG (2014); [online]

bereits bestehenden Kooperationen die Inputdaten im Sinne des dargestellten Prozesses. Aus diesen Inputdaten ermittelt die INPF die Preise pro Abrechnungszeiteinheit und schafft damit, neben den bereits bekannten, ausgetauschten Mengen, die zweite nötige Komponente für die Verträge über den Energieaustausch durch Imbalance Netting.

Ab dem nächsten Prozessschritt unterscheiden sich die beiden Varianten. Der NC EB gibt, wie in 3.4.2 beschrieben, vor, dass die Abrechnung zwischen den ÜNB einer CoBA durch die TTSF zu erfolgen hat. Diese benötigt dafür die Vertragsdaten über den Austausch von Leistungsvorhaltung und Energie bzw. Imbalance Netting, sowie über die Reservierung und Nutzung von Grenzkapazitäten.

Im ÜNB-zentrierten Modell sind die einzelnen ÜNB für die Übermittlung dieser Daten an die TTSF verantwortlich. Davor müssen diese die Daten von den jeweils zuständigen Funktionen, in den jeweiligen Beschaffungs- und Aktivierungsprozessen erhalten haben.

Dieser Zwischenschritt entfällt beim funktionszentrierten Prozess. Hier werden die Daten direkt von den zuständigen Funktionen an die TTSF weitergeleitet.

Im weiteren Verlauf übernimmt die TTSF in der ÜNB-zentrieten Variante nur die Aufbereitung der Vertragsdaten in abzurechnende Positionen. Diese werden an die ÜNB übermittelt, welche sie auf Plausibilität prüfen und auf deren Basis die weiteren Verrechnungsschritte selbst durchführen.

Diese Aufgaben übernimmt im funktionszentrierten Prozessmodell die TTSF. Sie breitet die Abrechnung nicht nur vor, sondern führt diese gegenüber den ÜNB auch selbst durch. Hier kann sie, wie in der unten stehenden Grafik dargestellt, als Clearingstelle fungieren. Das heißt, sie nimmt die Auszahlungen vor und erhält Zahlungen von den ÜNB. In dieser Variante übernimmt die Funktion, zusätzlich zur Abwicklung der Abrechnung, auch das Kontrahentenrisiko und das Liquiditätsmanagement für die ÜNB. Wie bei einer Clearingstelle üblich, müssten von den ÜNB dann Sicherheiten hinterlegt werden. Dieser Umstand wird in dieser Masterarbeit aber nicht betrachtet.

In einer anderen Ausgestaltungsvariante dieser Prozessalternative könnte die TTSF den Rechnungsversand zwar durchführen, die Zahlungsabwicklung bliebe aber Aufgabe der ÜNB. Diese Zwischenvariante wird für diese Arbeit aber nicht berücksichtigt.

Die unten stehenden Grafiken zeigen eine vollständige Abwicklung über die ÜNB, bzw. über die Funktionen.

Abbildung 18: Verrechnung mit den ÜNB der CoBA – ÜNB-zentriert

(Quelle: Eigene Darstellung)

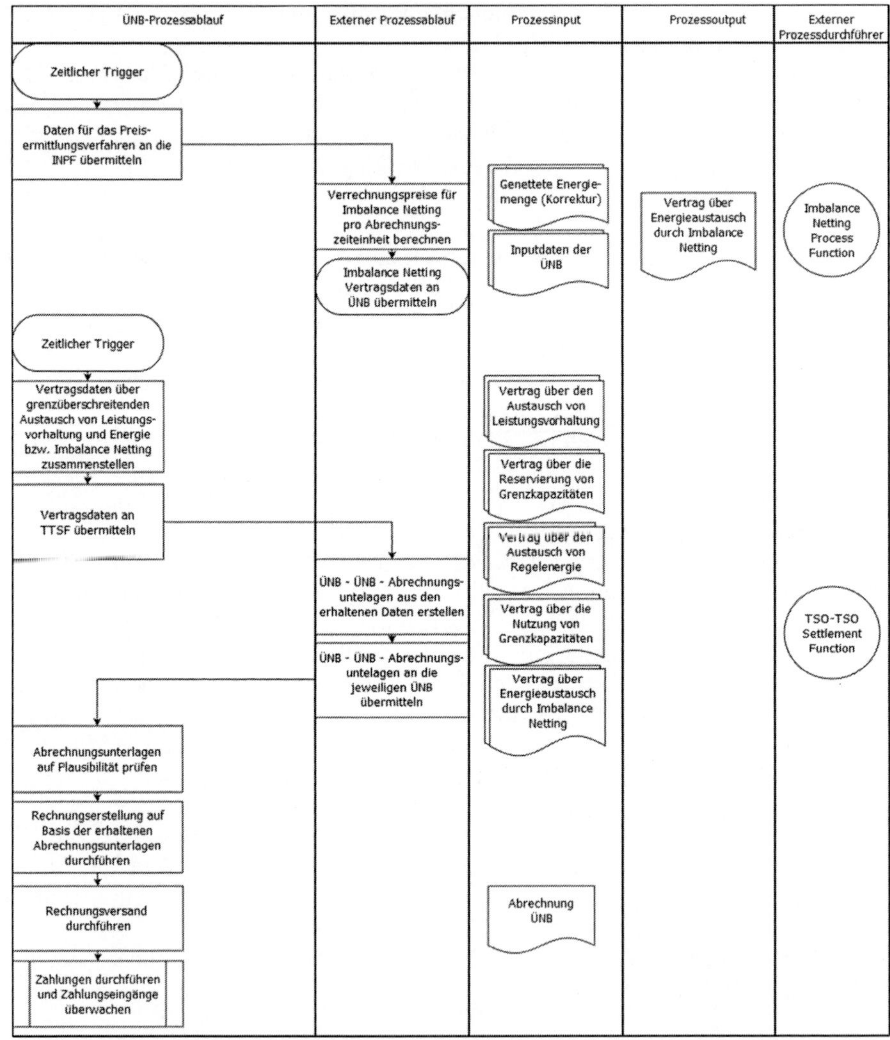

Abbildung 19: Verrechnung mit den ÜNB der CoBA – funktionszentriert

(Quelle: Eigene Darstellung)

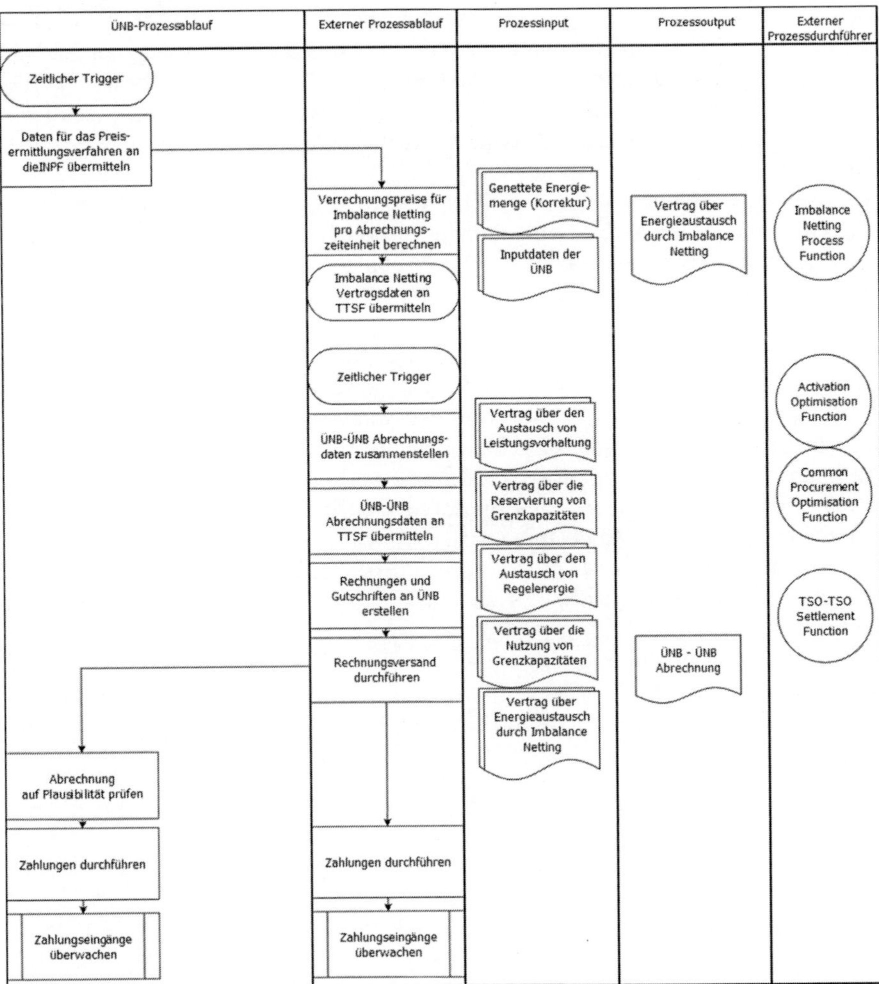

4.5.3 Verrechnung mit den BRP

Die Abrechnungsprozesse, wie in 4.5.1 und 4.5.2 beschrieben, sind jene aus denen den ÜNB Kosten oder Erlöse für die Netzregelung entstehen. Diese Kosten oder Erlöse müssen durch die Ausgleichsenergieverrechnung an die BRP weitergegeben werden. In einigen Ländern, wie z.B. auch in Österreich, werden Teile dieser Kosten über regulatorisch geregelte Netz- bzw. Systemdienstleistungsentgelte abgedeckt. Dies muss in der Weitergabe an die BRP berücksichtigt werden.

In die Verrechnung der Ausgleichsenergie gegenüber den BRP sind die Funktionen der CoBA nicht eingebunden, wodurch auch keine Übertragung von Aufgaben oder Kompetenzen an diese möglich ist.

Wie in unten stehender Darstellung ersichtlich, wird auch der Prozess für Ausgleichsenergieverrechnung periodisch durch einen zeitlichen Auslöser angestoßen. Der ÜNB muss zunächst die Ausgleichsenergiemenge für jede Bilanzgruppe pro Abrechnungszeitintervall bestimmen. Dazu kommen die in 3.4.3 beschriebenen Komponenten und Positionen zum Einsatz.

In einem weiteren Schritt ist vom ÜNB der Ausgleichsenergiepreis zu berechnen. Dafür sieht der Networkcode, wie in 3.4.3 beschrieben, den Preis der aktivierten Regelenergie in diesem Zeitbereich, inklusive der dazu benötigten Grenzkapazitäten, als Mindestpreis vor.

Stehen die Mengen und die Preise pro Abrechnungszeitintervall fest, sind die Rechnungen und Gutschriften zu erstellen und die Zahlungsabwicklung durchzuführen.

Nach diesem Verrechnungsschritt soll die Abwicklung der Netzregelung, über die Regulierungsperiode hinweg betrachtet, für den ÜNB kostenneutral sein.

Der Abrechnungsprozess mit den BRP ist in unten stehender Grafik abgebildet.

Abbildung 20: Verrechnung mit den BRP

(Quelle: Eigene Darstellung)

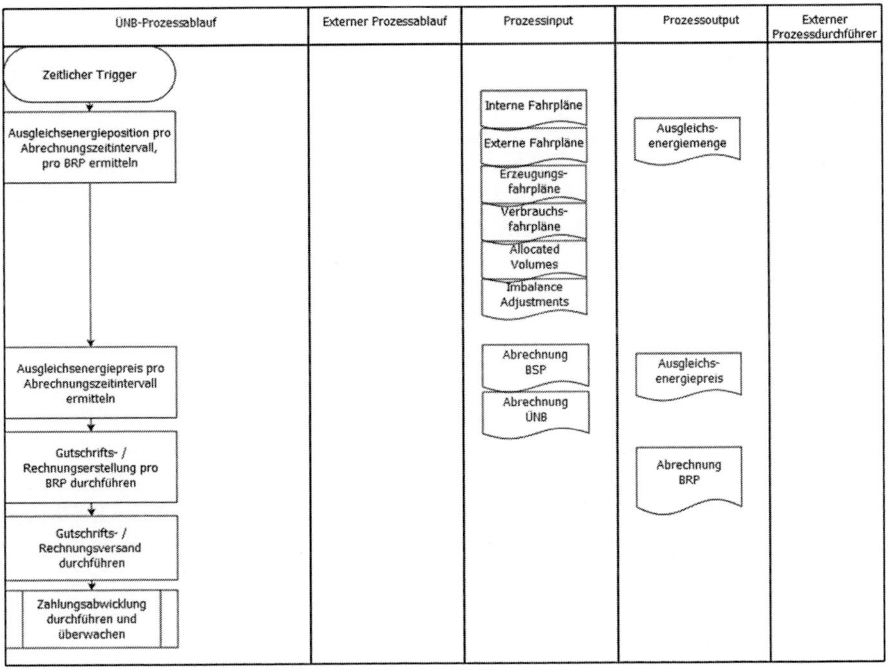

4.6 Notfallprozesse

Wie in 3.2.5 dargelegt, sieht der Networkcode die Implementierung von Notfallprozessen für die Beschaffung und die Aktivierung von Leistungsvorhaltung und Energiegeboten vor. Diese Prozesse werden in diesem Kapitel vorgestellt. Da die Notfallprozesse darauf abzielen, dass im Anlassfall eine Beschaffung und Aktivierung von Netzregelung auch im Falle eines Versagens der Kooperationen durchgeführt werden kann, kommen die CoBA-Funktionen nur als Unterstützer in einem ersten Schritt vor. Eine Delegation von Aufgaben oder Kompetenzen ist demnach nicht möglich

4.6.1 Notfallprozess Beschaffung von Leistungsvorhaltung

Im Prozessdiagramm unter 4.1 ersichtlich, wird bei Versagen der gemeinschaftlichen Beschaffung, auch nach Durchführung von Eskalationsmaßnahmen, der Notfallprozess eingeleitet.

In einem ersten Schritt wird das weitere Vorgehen innerhalb der CoBA abgestimmt. Hier nimmt die CPOF eine koordinierende Funktion war. Sie teilt den gefassten Entschluss allen teilnehmenden ÜNB mit.

Erscheint es als möglich eine gemeinschaftliche Beschaffung, wenn auch verbunden mit Einschränkungen, durchzuführen, so ist diese Option zu bevorzugen. Ist dies mit einem sinnvollen Aufwand nicht zu bewerkstelligen, kann der ÜNB eine lokale Beschaffung mit den BSP seines eigenen Verantwortungsbereichs durchführen.

Das oben beschriebene Vorgehen wird im unten stehenden Prozessdiagramm grafisch dargestellt.

Abbildung 21: Notfallprozess Beschaffung von Leistungsvorhaltung

(Quelle: Eigene Darstellung)

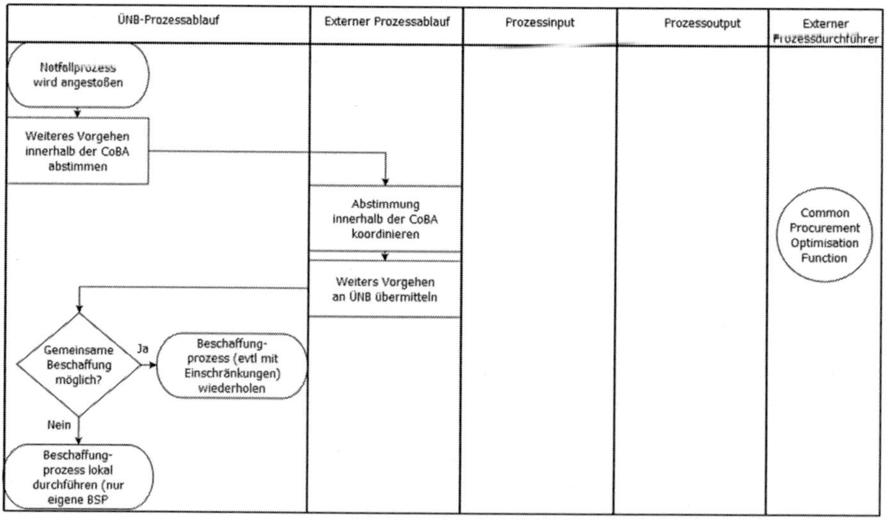

4.6.2 Notfallprozess Einholung von Energiegeboten

Nach der gleichen logischen Abfolge wie für die Beschaffung von Leistungsvorhaltung erfolgt auch der Notfallprozess für die Einholung von Energiegeboten.

Ergänzend besteht in diesem Notfallprozess noch die Möglichkeit, sollte auch nach einer lokalen Beschaffung nicht genügend Energiegebote zur Verfügung stehen, die lokalen BSP zu einer Bereitstellung zu verpflichten. Diese Möglichkeit wurde in diesem Prozess implementiert, um eine ausreichende Netzreglung in jedem Fall aufrechterhalten zu können. Dieser Prozess ist unten grafisch dargestellt.

Abbildung 22: Notfallprozess Einholung von Energiegeboten

(Quelle: Eigene Darstellung)

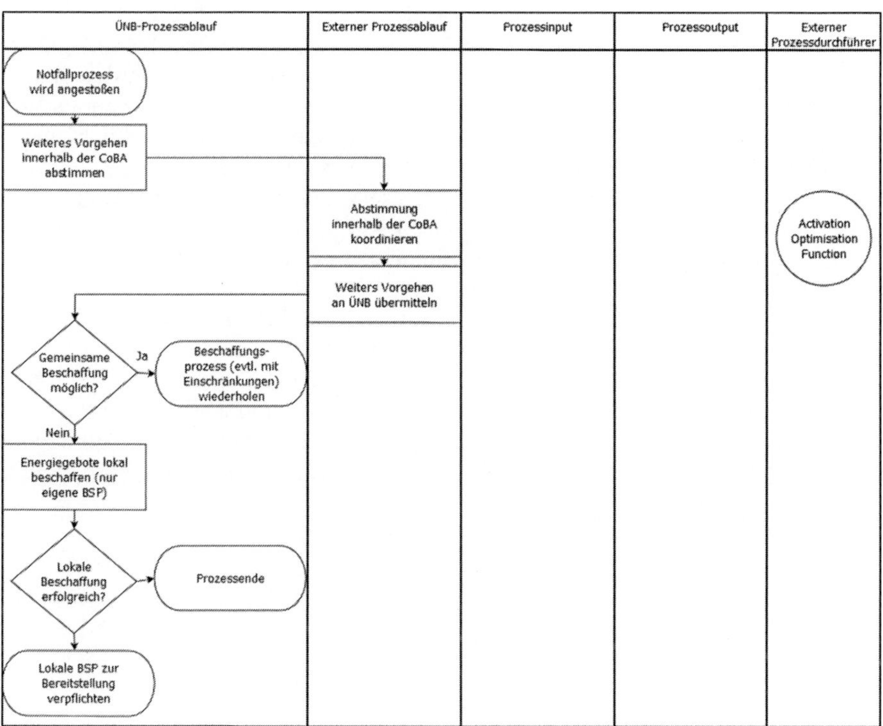

4.6.3 Notfallprozess Aktivierung von Energiegeboten

Die Möglichkeit zur Aktivierung von Energiegeboten muss jederzeit gegeben sein. Sowohl der Connecting TSO, als auch der Requesting TSO brauchen deshalb Mechanismen, die es ihnen erlauben Regelenergie auch bei Versagen der Kooperation zu aktivieren. Im dieser Notfallsituation liegt das Ziel in der Aufrechterhaltung der Netzstabilität und nichtmehr auf dem Erreichen eines Kostenoptimums. Diese Prozesse sind unten getrennt voneinander dargestellt.

4.6.3.1 Notfallprozess des Connecting TSO

Wird ein Energiegebot im Verantwortungsbereich des Connecting TSO abgerufen, so ist dieser verantwortlich, dass die Erbringung korrekt abläuft. Ist dies, auch nach Durchführung von Eskalationsmaßnahmen nicht der Fall, wird als erster Schritt die AOF darüber informiert.

Als erste Maßnahme wird versucht ein geeignetes Energiegebot im gleichen Verantwortungsbereich zu finden, welches ersatzweise aktiviert werden kann. Ist ein solches vorhanden, wird es aktiviert. Ist ein solches nicht vorhanden, muss der Connecting TSO einen BSP aus seinem Verantwortungsbereich zur Erbringung verpflichten um seine Verpflichtungen zu erfüllen.

Sowohl aus der Aktivierung eines Ersatzgebotes, als auch aus einer Erbringungsverpflichtung, entsteht ein Energievertrag. Bei einem Ersatzgebot gilt dessen Gebotspreis, eine geeignete Preisfindungsmethode für eine Erbringungsverpflichtung muss gefunden werden.

In beiden Fällen ist die korrekte Erbringung seitens des BSP wiederum zu überwachen und bei Versagen der Notfallprozess erneut anzustoßen.

Gelingt eine geeignete Aktivierung, muss dies an die AOF bestätigt werden, damit diese ihrerseits die Bestätigung an den Requesting TSO übermitteln kann.

Die Bestätigung muss eine Identifikation des eventuell aktivierten Ersatzgebotes ermöglichen, da dies für eine weitere Aktivierung über die CMO nicht mehr zur Verfügung steht.

Dieser Ablauf ist unten grafisch dargestellt.

Abbildung 23: Notfallprozess Aktivierung aus Sicht des Connecting TSO

(Quelle: Eigene Darstellung)

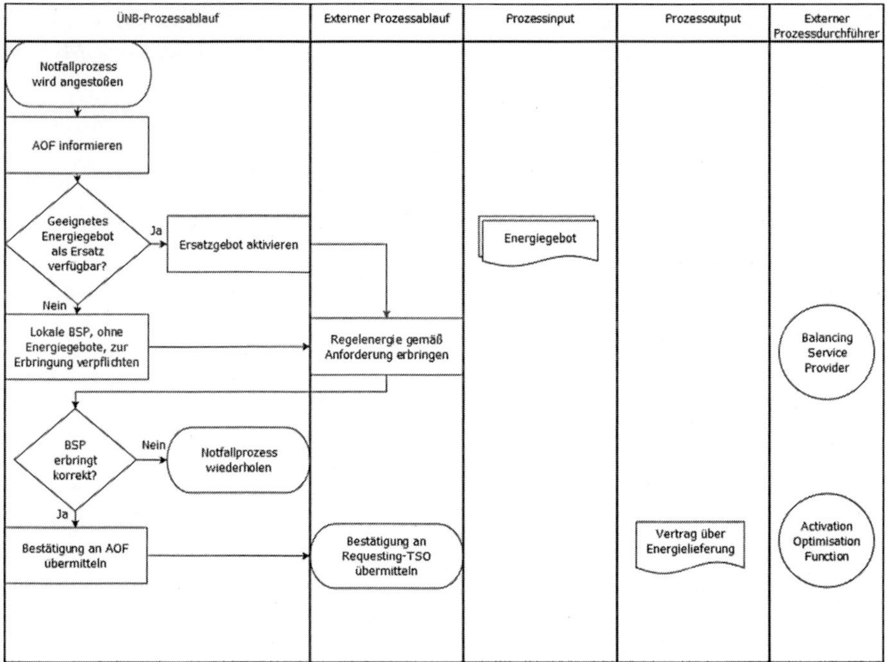

4.6.3.2 Notfallprozess des Requesting TSO

Erhält der Requesting TSO, nach einer zu definierenden Zeitspanne nach Durchführung des Eskalationsprozesses, keine Bestätigung von der AOF, muss davon ausgegangen werden, dass auch der Einsatz des Notfallprozesses seitens des Connecting TSO erfolglos war. Dann kommt der Notfallprozess des Requesting TSO zum Einsatz.

Dieser folgt der gleichen Logik, wie jener des Connecting TSOs. Zunächst wird versucht ein geeignetes Ersatzgebot im Verantwortungsbereich des Requesting TSO zu aktivieren. Schlägt dies fehl, muss ein BSP im betroffenen Verantwortungsbereich zur Erbringung verpflichtet werden.

In beiden Fällen entstehen wiederum Verträge über die Energielieferung, wobei eine Methode der Preisermittlung für die Erbringungsverpflichtung festgelegt werden muss.

Kann ein geeignetes Ersatzgebot aktiviert werden, muss dies an die AOF gemeldet werden, da dieses nichtmehr für eine Aktivierung über die CMO zur Verfügung steht. Dies ist in der unten stehenden Grafik dargestellt.

Abbildung 24: Notfallprozess Aktivierung aus Sicht des Requesting TSO

(Quelle: Eigene Darstellung)

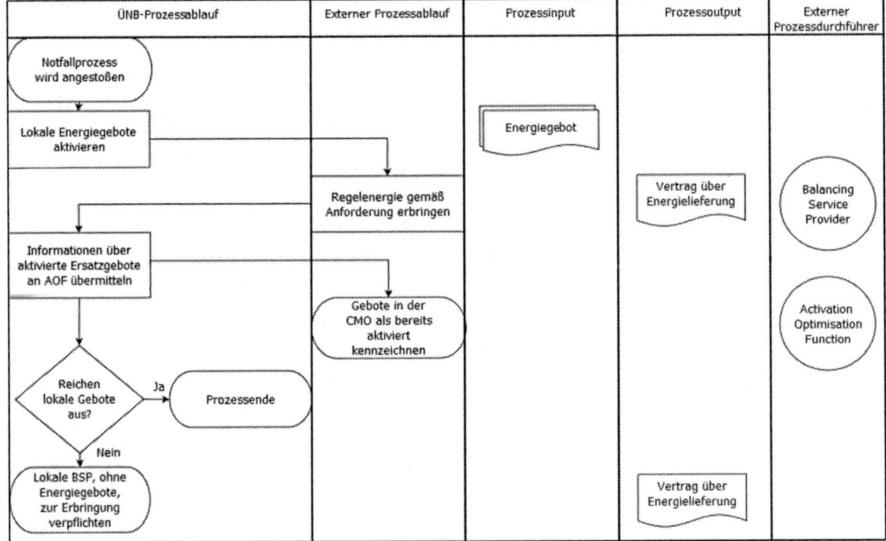

4.7 Veröffentlichung durchführen

Die unter 3.5 beschriebenen Veröffentlichungspflichten lassen sich in drei Kategorien zusammenfassen:
-    Veröffentlichung von Rahmenbedingungen
-    Veröffentlichung von Beschaffungsergebnissen
-    Veröffentlichung des jährlichen ENTSO-E Reports

Da für Rahmenbedingungen und ENTSO-E Reports explizit eine Veröffentlichung durch die ÜNB vorgesehen ist, kann nur für die Veröffentlichung der Beschaffungsergebnisse eine Delegierung an die Funktionen angedacht werden.
Die Prozesse für die verschiedenen Veröffentlichungsaufgaben sind unten getrennt dargestellt.

4.7.1 Veröffentlichung von Rahmenbedingungen

Ändern sich Rahmenbedingungen für die Beschaffung, sind diese vom ÜNB, innerhalb der in 3.5 beschriebenen Fristen, zu veröffentlichen.
Zu diesen können Ausschreibungsbedingungen, die Höhe eventuell nicht geteilter Gebote, die verwendete Methode für die Reservierung von Grenzkapazitäten und die Beschreibung der Funktionsweise der für die Beschaffungsoptimierung verwendeten Algorithmen.
Wurden geänderte Bedingungen veröffentlicht, sind die BSP darüber zu informieren.
Das unten stehende Prozessdiagramm zeigt diesen Ablauf.

Abbildung 25: Veröffentlichung von Rahmenbedingungen

(Quelle: Eigene Darstellung)

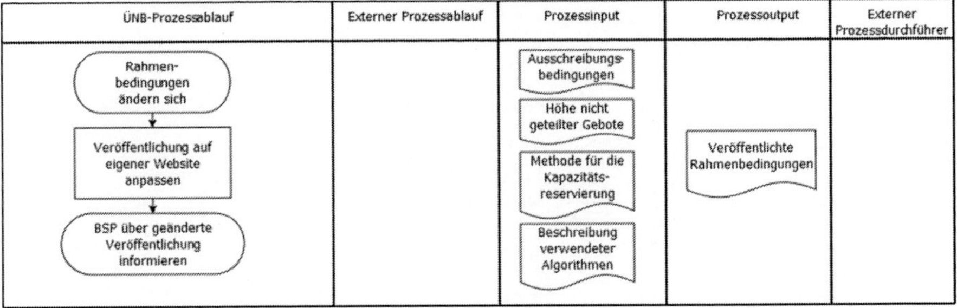

4.7.2 Veröffentlichung von Beschaffungsergebnissen

Die Veröffentlichung von Ergebnissen der Beschaffung ist, wie in der Aufstellung unter 3.5 ersichtlich, im NC EB nur für Energiegebote explizit vorgesehen. Sollte sich eine Notwendigkeit zur Veröffentlichung anderer

Ergebnisse, zum Beispiel jener aus der Beschaffung von Leistungsvorhaltung, aus anderen regulatorischen oder gesetzlichen Vorgaben ergeben, kann dieser Prozess auch dafür Anwendung finden.

Kommen Notfallprozesse zum Einsatz, ist dies immer zu veröffentlichen. Welchen Inhalt diese Veröffentlich aufweisen muss ist nicht spezifiziert.

Die Veröffentlichung der oben genannten Informationen kann entweder vom ÜNB oder von der jeweils zuständigen Funktion übernommen werden.

Der Prozess wird durch die Notwendigkeit der Veröffentlichung aus einem darüber liegenden Haupt- oder Notfallprozess angestoßen.

Für das Ergebnis der Einholung von Energiegeboten erlaubt der Networkcode sowohl eine Aggregation als auch eine Anonymisierung der Daten.

Sind die Daten und Informationen in eine für die Veröffentlichung geeignete Form gebracht, werden diese im ÜNB-zentrieren Prozess auf den eigenen Plattformen veröffentlicht. Dies wären beispielsweise die Webseiten oder Ausschreibungssysteme der ÜNB.

In einem weiteren Schritt werden die Daten und Informationen in aufbereiteter Form an die jeweils zuständigen Funktionen und, falls notwendig, an andere externe Entitäten, wie z.B. die ENTSO-E, übermittelt. Diese veröffentlichen diese anschließend auf gemeinsam genutzten Plattformen.

Dieser Ablauf wird in dem unten abgebildeten Prozessdiagramm dargestellt.

Abbildung 26: Veröffentlichung der Ergebnisse - ÜNB-zentriert

(Quelle: Eigene Darstellung)

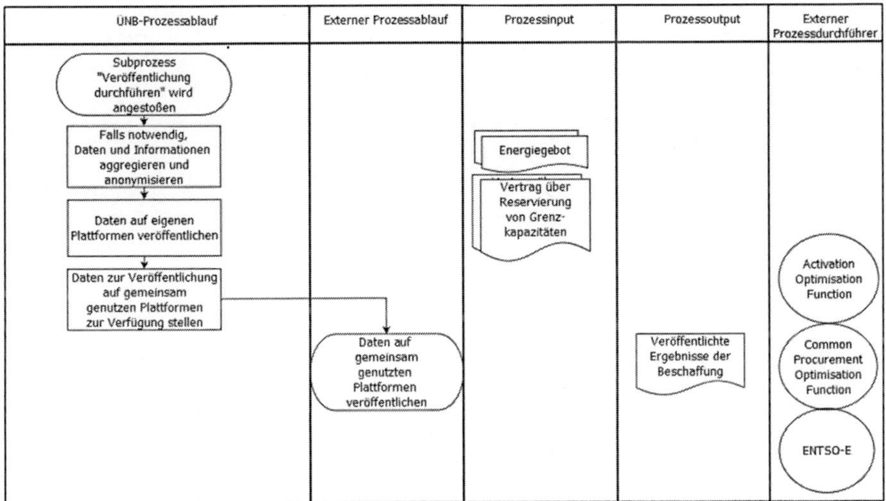

Bei einem funktionszentrierten Ansatz kann eine Veröffentlichung auf den Plattformen der einzelnen ÜNB ausbleiben. Sie haben in dieser Variante keine Aufgaben wahrzunehmen. Über die zustande gekommenen Verträge bzw. aus den übermittelten Energiegeboten oder den ausgetauschten Mengen im Rahmen eines Imbalance Netting stehen den Funktionen die notwendigen Informationen zur Verfügung. Die Aufbereitung und, falls notwendig, die Anonymisierung und Aggregation der Daten liegt in dieser Variante ebenfalls bei den Funktionen.

Ist die Veröffentlichung auf den Plattformen der Funktionen durchgeführt, muss eine eventuell notwendige Weiterleitung der Daten an externe Plattformen ebenfalls von diesen Funktionen koordiniert und durchgeführt werden.

Dieses Vorgehen wird im unten abgebildeten Prozessdiagramm dargestellt.

Abbildung 27: Veröffentlichung Ergebnisse - funktionszentriert

(Quelle: Eigene Darstellung)

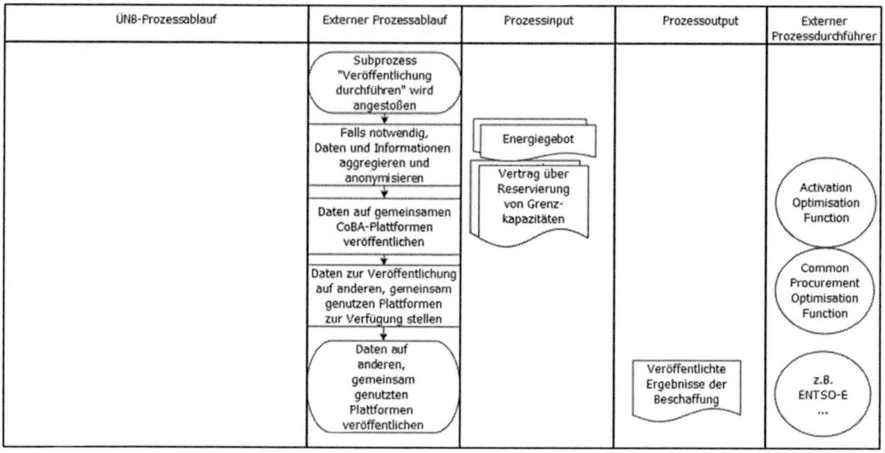

4.7.3 Veröffentlichung des jährlichen ENTSO-E Reports

In Bezug auf den jährlich zu erstellenden Report der ENTSO-E an ACER entstehen den ÜNB die Verpflichtung zur Bereitstellung der notwendigen Daten und Informationen und die Pflicht zur Veröffentlichung.

Der Prozess wird mit dem Eingang der Anfrage zur Bereitstellung der notwendigen Daten und Informationen seitens ENTSO-E angestoßen. In weiterer Folge werden diese von den ÜNB zusammengestellt, aufbereitet und an ENTSO-E übermittelt.

Die Erstellung des Reports, gemäß den Vorgaben aus dem NC EB, die in dieser Arbeit nicht im Detail erläutert werden, obliegt der ENTSO-E. Diese muss den finalen Report, neben der Übermittlung an ACER und der Veröffentlichung auf den eigenen Plattformen, den finalen Report an die ÜNB übermitteln. Diese müssen ihn wiederum auf ihren Plattformen veröffentlichen.

Dieser Ablauf wird in dem unten abgebildeten Prozessdiagramm dargestellt.

Abbildung 28: Veröffentlichung des ENTSO-E Reports

(Quelle: Eigene Darstellung)

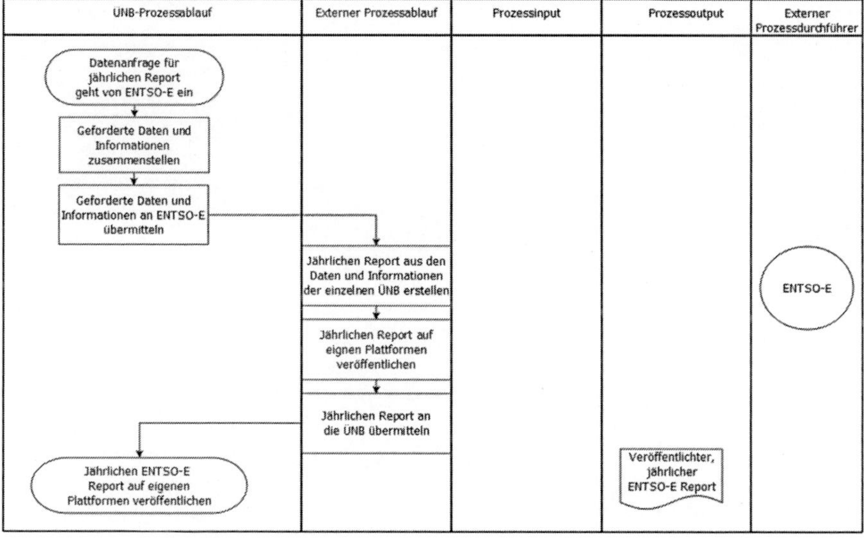

5 Bewertung und Auswahl

In den vorangegangenen Kapiteln wurde gezeigt warum Netzregelung notwendig ist, wie Beschaffung und der Einsatz dieser durch den Networkcode on Electricity Balancing neu geregelt werden und wie Prozessmodelle gestaltet werden können, um diesen Vorgaben zu entsprechen. In diesem Kapitel sollen nun jene Prozesse eingehender untersucht werden, für die alternative Varianten der Ausgestaltung beschrieben wurden. Die Varianten werden einander gegenübergestellt und es wird der Versuch einer betriebswirtschaftlichen Bewertung unternommen.

Prozessschritte, die von BSP durchzuführen sind, werden bei der Ermittlung der Aufwände nicht berücksichtigt. Es werden ausschließlich Aufwände betrachtet, die von den ÜNB zu tragen sind. Dazu wird angenommen, dass die Aufwände für die Implementierung bzw. Migration und Betrieb der CoBA-Funktionen von den ÜNB übernommen werden.

5.1 Aufwände aus dem Betrieb

Für die Bewertung der Betriebsaufwände wird für die einzelnen Prozessschritte ein zeitlicher Aufwand angenommen. Da es sich um Annahmen handelt, kann es dabei zu einer Unschärfe der absoluten Aufwandszahlen kommen. Für die abschließende Bewertung in 5.3 ist jedoch ein plausibles Verhältnis der zeitlichen Aufwände zueinander ausschlaggebend. Die Bewertung der Prozessvarianten erfolgt ohne Subprozesse. Diese wären einer eigenständigen Bewertung zu unterziehen, was in dieser Arbeit nicht berücksichtigt wird.

Zu beachten ist außerdem, dass die zeitlichen Aufwände auf ÜNB-Seite nicht nur bei einem, sondern bei allen beteiligten ÜNB der CoBA anfallen. Da in dieser Arbeit von einer vollständigen europäischen Marktintegration ausgegangen wird, werden die ÜNB-Aufwände deshalb mit dem Faktor der aktuellen Anzahl der Mitglieder der ENTSO-E multipliziert. Aktuell sind dies 41 Übertragungsnetzbetreiber aus 34 Ländern.[12]

---

[12] Vgl. ENTSO-E (2014b); [online]

Für die monetäre Bewertung dieser zeitlichen Aufwände wird angenommen, dass die Aufgaben von Stromhändlern, erfahrenen Sachbearbeitern oder Personen mit gleicher Qualifikation durchgeführt werden.

Die aktuelle Preisliste der Austrian Power Grid AG enthält für diese Qualifikationsgruppe einen Stundensatz von 88,2 Euro.[13] Dieser enthält sowohl Lohn- und Lohnnebenkosten, als auch Overheadkosten wie Arbeitsplatzausstattung und Kosten für die Betreuung des Mitarbeiters z.B. durch ein Sekretariat oder das Personalwesen. Er stellt also eine umfassende stündliche Kostenbetrachtung eines Mitarbeiters dar. Deshalb kommt dieser Verrechnungssatz hier zur Anwendung.

Die Multiplikation der zeitlichen Aufwände der ÜNB und der Funktionen mit diesem Stundensatz ergibt den Gesamtaufwand pro Prozessdurchlauf in Euro, für die jeweilige Ausgestaltungsform.

In Abhängigkeit von der Häufigkeit des Prozessdurchlaufs, von einmal monatlich z.B. für Abrechnungsprozesse bis zu mehrmals täglich z.B. für das Einholen von Energiegeboten, wird in weiterer Folge der Nettobarwert der Aufwände ermittelt. Dazu werden jährlich steigende Gehaltskosten von 3 Prozent angenommen. Als Abzinsungsfaktor kommen die von der E-Control für die dritte Regulierungsperiode festgelegten 6,24 Prozent für den Weighted Average Cost of Capital (WACC) zum Einsatz.[14] Es wird eine ewige Rente mit Wachstumsrate berechnet, welche sich aus folgender Formel ergibt: $W_{(0)} = R_{(0)} / (i-w)$[15].

Dabei stellt $W_{(0)}$ den Nettobarwert aus aktueller Sicht dar, $R_{(0)}$ die jährlichen Kosten im aktuellen Jahr, i den Kalkulationszinssatz, also den WACC und w die Wachstumsrate, also die erwartete Lohnsteigerung.

Die Bewertung der einzelnen Prozessschritte und Prozesse wird im Folgenden dargestellt. Aufgrund der besseren Übersichtlichkeit wird der Aufwand für die einzelnen Prozessschritte in Minuten angegeben und erst nach der Summierung in Stunden umgerechnet.

5.1.1 Leistungsvorhaltung beschaffen

Wie in den unten stehenden Tabellen ersichtlich, beträgt der betriebliche Aufwand für den ÜNB-zentrierten Prozess das rund 2,4-fache der funktionszentrierten Variante.

---

[13] Vgl. Austrian Power Grid AG (2014)
[14] Vgl. Oesterreichs Energie (2014); [online]
[15] Vgl. Geyer, Hanke, Littich, Nettekoven (2009); Seite 63

Es wurde angenommen, die Bestimmung und Übermittlung des Bedarfs an die CPOF weniger Aufwand auf Seiten der ÜNB verursacht als die Vorbereitung einer eigenen Ausschreibung. Die Vorbereitung einer solchen für die gesamte CoBA ist aber rund dreimal so aufwändig, wie für einen einzelnen Verantwortungsbereich. Das Verhältnis 3 zu 41 lässt bereits ein substanzielles Effizienzpotential bei einer Verlagerung von Arbeitsschritten an die Funktionen erahnen und wirkt sich entsprechend auf den Unterschied im Gesamtaufwand aus.

Noch augenfälliger wird das Verhältnis beim Einholen der Gebote von den BSP, wo sich der Zeitaufwand im Wesentlichen aus der kontinuierlichen Kontrolle und Plausibilisierung der eingehenden Gebote ergibt. Es müssen bei einer Abwicklung über die ÜNB die gleichen Mechanismen zum Einsatz kommen, wie bei einer funktionszentrierten, nur für kleinere Datenmengen. Das angenommen Verhältnis liegt hier bei 2 zu 41.

Zusätzlich zum Potenzial, dass durch eine effizientere Abwicklung von großen Datenmengen über einen zentralen Punkt im Vergleich zu einer dezentralen Abwicklung kleinerer Datenströme entsteht, kommen auch weniger Schnittstellen zum Einsatz. So entfallen die Prozessschritte Angebote an CPOF übermitteln und Bestätigung an CPOF übermitteln bei einer funktionszentrierten Abwicklung vollständig.

Die unten stehenden Tabellen zeigen wegen der besseren Darstellbarkeit den zeitlichen Aufwand pro Prozessschritt zunächst in Minuten. Eine Darstellung in Stunden und Euro findet sich am Tabellenende.

Prozessschritt	Aufwand ÜNB	Aufwand Funktion
Ausschreibung für eigenen Verantwortungsbereich vorbereiten	15	0
Angebote von BSP einholen	15	0
Angebote an CPOF übermitteln	5	0
Zuzuschlagende Angebote bestimmen	0	30
Zuzuschlagende Angebote an die ÜNB übermitteln	0	15
Zuschläge an BSP erteilen	5	0
Bestätigung an CPOF übermitteln	5	0
Vertragsdaten an die ÜNB übermitteln	0	15
Reservierte Grenzkapazitäten an AOF übermitteln	0	5
Vertragsdaten von CPOF erhalten?	10	0
Summe (für ÜNB x 41)	2 255,0	65,0
in Stunden	37,6	1,1
in EUR	3 314,9	95,6
Gesamtaufwand pro Prozessdurchlauf in EUR	3 410,4	

Tabelle 7: Bewertung Leistungsvorhaltung beschaffen - ÜNB-zentriert

(Quelle: Eigene Darstellung)

Prozessschritt	Aufwand ÜNB	Aufwand Funktion
Bedarf für Leistungsvorhaltung an CPOF übermitteln	10	0
Ausschreibung des Gesamtbedarfs der CoBA vorbereiten	0	45
Angebote von BSP einholen	0	30
Zuzuschlagende Angebote bestimmen	0	30
Zuschläge an BSP erteilen	0	15
Vertragsdaten an die ÜNB übermitteln	0	15
Reservierte Grenzkapazitäten an AOF übermitteln	0	5
Vertragsdaten von CPOF erhalten?	10	0
Summe (für ÜNB x 41)	820,0	140,0
in Stunden	13,7	2,3
in EUR	1 205,4	205,8
Gesamtaufwand pro Prozessdurchlauf in EUR	1 411,2	

Tabelle 8: Bewertung Leistungsvorhaltung beschaffen - funktionszentriert

(Quelle: Eigene Darstellung)

Legt man die Annahme zugrunde, dass die Beschaffung von Leistungs-vorhaltung einmal wöchentlich stattfindet, beläuft sich der Nettobarwert der Aufwände auf rund 5, 2 Millionen Euro (MEUR), bei einer ÜNB-zentrierten Ab-wicklung. Bei einer Abwicklung gemäß dem funktionszentrierten Modell auf 2,1 MEUR pro Regelungsart.

Wird die Leistungsvorhaltung über den maximal mögliche Intervall, also einen Monat, ausgeschrieben, betragen die Nettobarwerte 1,2 MEUR für eine ÜNB-zentriete bzw. 500 Tausend Euro (TEUR) für eine funktionszentrierte Abwicklung.

5.1.2 *Transferhandel durchführen*

Bei der Abwicklung des Transferhandels sind nicht immer alle ÜNB der CoBA eingebunden, sondern nur jene, aus deren Verantwortungsbereichen die be-teiligten BSP stammen, im Regelfall also zwei. Entsprechend kleiner fällt für diesen Prozess die Gewichtung der ÜNB-Aufwände aus.

Trotz der geringeren Gewichtung ergeben sich für diesen Prozess rund 14 % höhere Aufwände bei einer funktionszentrierten Abwicklung, was sich vor allem aus den zusätzlichen Schnittstellenprozessschritten ergibt.

Bei einer funktionszentrierten Abwicklung verbleibt, wie die unten stehenden Aufstellungen zeigen, einzig die Anpassung der lokalen Merit Order als Aufgabe bei den ÜNB.

Die unten stehenden Tabellen zeigen wegen der besseren Darstellbarkeit den zeitlichen Aufwand pro Prozessschritt zunächst in Minuten. Eine Darstellung in Stunden und Euro findet sich am Tabellenende.

Prozessschritt	Aufwand ÜNB	Aufwand Funktion
Informationen über den Transfer an TBCF weiterleiten	5	0
Bestätigung des Transfers von Connecting TSO des Ersatz BSP einholen	0	15
Gebotsdaten und Informationen über den Transferpartner an die ÜNB übermitteln	0	10
Pflicht zur Energiegebotsabgabe des betroffenen BSP ab nächster relevanter Gebotszeitscheibe anpassen	10	0
Bereits abgegebene Energiegebote im relevanten Zeitraum als transferiert kennzeichnen bzw. als solche in lokale Merit Order aufnehmen	10	0
Bestätigung an TBCF übermitteln	5	0
Bestätigung an BSP übermitteln	5	0
Informationen über transferierte Energiegebote an AOF übermitteln	0	10
Betroffene Energiegebote in der CMO als transferiert kennzeichnen	0	15
Summe (für ÜNB x 2)	70	50
in Stunden	1,2	0,8
in EUR	102,9	73,5
Gesamtaufwand pro Prozessdurchlauf in EUR	176,4	

Tabelle 9: Bewertung Transferhandel durchführen – ÜNB-zentriert

(Quelle: Eigene Darstellung)

Prozessschritt	Aufwand ÜNB	Aufwand Funktion
Bestätigung des Transfers von Ersatz BSP einholen	0	15
Informationen über Transfer an AOF übermitteln	0	10
Pflicht zur Energiegebotsabgabe des betroffenen Original BSP ab nächster relevanter Gebotszeitscheibe annulieren	0	10
Pflicht zur Energiegebotsabgabe des Ersatz BSP ab nächster relevanter Gebotszeitscheibe aktivieren	0	15
Bereits abgegebene Energiegebote im relevanten Zeitraum in der CMO als transferiert kennzeichnen	0	15
Bestätigung an TBCF übermitteln	0	5
Information über transferierte Energiegebote an die betroffenen Connecting TSOs übermitteln	0	10
Bestätigung an BSP übermitteln	0	5
Lokale Merit Order entsprechend des Transfers anpassen	10	0
Summe (für ÜNB x 2)	20,0	85,0
in Stunden	0,3	1,4
in EUR	29,4	125,0
Gesamtaufwand pro Prozessdurchlauf in EUR	154,4	

Tabelle 10: Bewertung Transferhandel durchführen - funktionszentriert

(Quelle: Eigene Darstellung)

Ein Transferhandel tritt nur im Anlassfall auf, der Prozess hat also keine feste Periodizität. Legt man zugrunde, dass ein solcher Fall im Durchschnitt einmal monatlich auftritt, beträgt der Nettobarwert des Aufwandes bei ÜNB-zentrierter Abwicklung rund 62 TEUR. Bei einer funktionszentrierten Abwicklung beträgt dieser 54 TEUR.

Bei einem wöchentlichen Auftreten eines solchen Falles betragen die Werte 270 TEUR bzw. 230 TEUR.

5.1.3 Energiegebote einholen

Auch beim Einholen von Energiegeboten liegt zwischen dem Aufwand bei einer ÜNB-zentrierten Umsetzung und einer funktionszentrierten Umsetzung rund der Faktor 2.

Bei diesem Prozess ist die vor allem durch die große Anzahl der möglichen, zu verlagernden Prozessschritte bedingt. Weder bei der ÜNB- noch bei der funktionszentrierten Variante sind die Aufgaben stark verteilt, sondern eher bei der jeweils vorherrschenden Partei konzentriert.

Da, wie in 4.4 beschrieben, vor allem für automatisch zu aktivierende Produkte eine sehr kurzfristige und hochfrequente Abfolge dieser Prozesses wahrscheinlich ist, wird von einem hohen Automatisierungsgrad ausgegangen. Daraus ergeben sich die unten stehenden zeitlichen Annahmen. Diese sind durch die angenommene hohe Automatisierung von einem Verhältnis von 2 zu 41 geprägt.

Die unten stehenden Tabellen zeigen wegen der besseren Darstellbarkeit den zeitlichen Aufwand pro Prozessschritt zunächst in Minuten. Eine Darstellung in Stunden und Euro findet sich am Tabellenende.

Prozessschritt	Aufwand ÜNB	Aufwand Funktion
Gate für Energiegebote öffnen	1	0
Angebote von BSP einholen	5	0
Gate für Energiegebote schließen	1	0
Angebote an AOF übermitteln	5	0
Common Merit Order erstellen	0	5
Aufnahme der Gebot in CMO an ÜNB bestätigen	0	5
Bestätigung an BSP übermitteln	5	0
Bestätigung von AOF erhalten?	5	0
Summe (für ÜNB x 41)	902,0	10,0
in Stunden	15,0	0,2
in EUR	1 325,9	14,7
Gesamtaufwand pro Prozessdurchlauf in EUR	1 340,6	

Tabelle 11: Bewertung Energiegebote einholen – ÜNB-zentriert

(Quelle: Eigene Darstellung)

Prozessschritt	Aufwand ÜNB	Aufwand Funktion
Gate für Energiegebote öffnen	0	1
Angebote von BSP einholen	0	10
Gate für Energiegebote schließen	0	1
Common Merit Order erstellen	0	5
Bestätigung an BSP übermitteln	0	10
Energiegebote an ÜNB übermitteln	0	5
Energiegebote von AOF erhalten?	10	0
Summe (für ÜNB x 41)	410,0	32,0
in Stunden	6,8	0,5
in EUR	602,7	47,0
Gesamtaufwand pro Prozessdurchlauf in EUR	649,7	

Tabelle 12: Bewertung Energiegebote einholen – funktionszentriert

(Quelle: Eigene Darstellung)

Bei der Einholung von Energiegeboten stellt sich die Frage in welchem zeitlichen Abstand dies durchgeführt werden soll. In Österreich wird dies zurzeit, sowohl für automatisch als auch für manuell zu aktivierende Regelungsarten, täglich abgewickelt. Wie in 0 beschrieben, wird zumindest für automatisch zu aktivierende Produkte eine wesentlich kurzfristigere Abwicklung notwendig. Allerdings wäre dann ein wesentlich höherer Automatisierungsgrad anzunehmen und damit geringere Prozessdurchlaufzeiten.

Bei einer täglichen Abwicklung beträgt der Nettobarwert, bei ÜNB-zentrierter Abwicklung rund 14,3 MEUR, bei funktionszentrierter Abwicklung rund 6,9 MEUR. Dies stellt auch die Grundlage für die weitere Bewertung dar.

5.1.4 Veröffentlichung von Beschaffungsergebnissen

Bei den bisherigen Prozessen war eine Aufwandsrelation von ÜNB- zu funktionszentrierten Prozessen zwischen 1,1 und 2,4 zu beobachten. Bei diesem Prozess fällt dieses Verhältnis mit rund 6,6 wesentlich höher aus. Hier wird deutlich wie groß Effizienzpotenziale bei einer vollständigen Verlagerung der Prozessabläufe, hin zu einer funktionszentrierten Abwicklung, auch bei einem Verhältnis von 3 zu 41 sein können.

Die unten stehenden Tabellen zeigen wegen der besseren Darstellbarkeit den zeitlichen Aufwand pro Prozessschritt zunächst in Minuten. Eine Darstellung in Stunden und Euro findet sich am Tabellenende.

Prozessschritt	Aufwand ÜNB	Aufwand Funktion
Daten und Informationen aggregieren und anonymisieren	5	0
Daten auf eigenen Plattformen veröffentlichen	5	0
Daten zur Veröffentlichung auf gemeinsam genutzten Platt-formen zur Verfügung stellen	5	0
Daten auf gemeinsam genutzten Plattformen veröffentlichen	0	10
Summe (für ÜNB x 41)	615,0	10,0
in Stunden	10,3	0,2
in EUR	904,1	14,7
Gesamtaufwand pro Prozessdurchlauf in EUR	918,8	

Tabelle 13: Bewertung Veröffentlichung – ÜNB-zentriert

(Quelle: Eigene Darstellung)

Prozessschritt	Aufwand ÜNB	Aufwand Funktion
Falls notwendig Daten und Informationen aggregieren und anonymisieren (2 x 15 Minuten --> AOF & CPOF)	0	30
Daten auf gemeinsamen CoBA-Plattformen veröffentlichen (2 x 15 Minuten --> AOF & CPOF)	0	30
Daten zur Veröffentlichung auf anderen, gemeinsamen Plattformen zur Verfügung stellen (2 x 15 Minuten --> AOF & CPOF)	0	30
Daten auf anderen, gemeinsam genutzten Plattformen veröffentlichen	0	5
Summe (für ÜNB x 41)	0,0	95,0
in Stunden	0,0	1,6
in EUR	0,0	139,7
Gesamtaufwand pro Prozessdurchlauf in EUR	139,7	

Tabelle 14: Bewertung Veröffentlichung – funktionszentriert

(Quelle: Eigene Darstellung)

Bei der Annahme, dass die Ergebnisse einmal täglich veröffentlicht werden, wie dies z.B. für reservierte Grenzkapazitäten vorgesehen ist, erreicht der Netto-barwert bei ÜNB-zentrierter Veröffentlichung rund 9,8 MEUR, bei einer funktionszentrierten rund 1,5 MEUR.

Ist eine schnellere Veröffentlichung, z.B. stündlich wie für Energiegebote, notwendig, wird davon ausgegangen, dass diese automatisiert erfolgt und keinen Personalaufwand verursacht.

5.1.5   Verrechnung mit den ÜNB der CoBA

Auch bei der Verrechnung zwischen den ÜNB erweist es sich, nach Betrachtung der personellen Aufwände für die Durchführung der Prozessschritte, als effizienter, den Prozess funktionszentriert durchzuführen. Der Aufwand für eine ÜNB-zentrierte Abwicklung ist 1,9-mal höher.

Die ersten Schritte beziehen sich auf die Ermittlung des Abrechnungspreises für das Imbalance Netting und werden in beiden Prozessvarianten gleich abgewickelt.

Die Zusammenstellung der Abrechnungsdaten wird, als aufwendiger und kleinteiliger Arbeitsschritt, mit dem Faktor 4 bei einer Abwicklung über die Funktionen gewichtet. Der Aufwand für die Rechnungserstellung aus den von den Funktionen aufbereiteten Daten ist dann aber weniger aufwändig, als die Aufbereitung der einzelnen Abrechnungsunterlagen aus den Daten der ÜNB.

Die Plausibilisierung der Abrechnung, sowie die Durchführung und Überwachung des Zahlungsverkehrs bleibt auch bei einer funktionszentrierten Abwicklung als Aufgabe der ÜNB bestehen und verändert sich nicht in ihrem Aufwand.

Die unten stehenden Tabellen zeigen wegen der besseren Darstellbarkeit den zeitlichen Aufwand pro Prozessschritt zunächst in Minuten. Eine Darstellung in Stunden und Euro findet sich am Tabellenende.

Prozessschritt	Aufwand ÜNB	Aufwand Funktion
Daten für das Preisermittlungsverfahren an INPF übermitteln	10	0
Verrechnungspreis für Imbalance Netting pro Abrechnungs-zeiteinheit berechnen	0	60
Imbalance Netting Vertragsdaten an ÜNB übermitteln	0	5
Vertragsdaten über grenzüberschreitenden Austausch von Leistungsvorhaltung und Energie bzw Imbalance Netting zusammenstellen	30	0
Vertragsdaten an TTSF übermitteln	5	0
ÜNB-ÜNB - Abrechnungsunterlagen aus den erhaltenen Daten erstellen	0	300
ÜNB-ÜNB - Abrechnungsunterlagen an die jeweiligen ÜNB übermitteln	0	15
Abrechnungsunterlagen auf Plausibilität prüfen	15	0
Rechnungserstellung auf Basis der erhaltenen Abrechnungsunterlagen durchführen	15	0
Rechnungsversand durchführen	10	0
Zahlungen durchführen und Zahlungseingänge überwachen	25	0
Summe (für ÜNB x 41)	4 510,0	380,0
in Stunden	75,2	6,3
in EUR	6 629,7	558,6
Gesamtaufwand pro Prozessdurchlauf in EUR	7 188,6	

Tabelle 15: B ewertung ÜNB-Verrechnung – ÜNB-zentriert

(Quelle: Eigene Darstellung)

Prozessschritt	Aufwand ÜNB	Aufwand Funktion
Daten für das Preisermittlungsverfahren an INPF übermitteln	10	0
Verrechnungspreis für Imbalance Netting pro Abrechnungszeiteinheit berechnen	0	60
Imbalance Netting Vertragsdaten an TTSF übermitteln	0	5
ÜNB-ÜNB Abrechnungsdaten zusammenstellen (2 x 2 Stunden --> CPOF und AOF)	0	240
ÜNB-ÜNB Abrechnungsdaten an TTSF übermitteln	0	5
Rechnungen und Gutschriften an ÜNB erstellen	0	120
Rechnungsversand durchführen	0	30
Abrechnung auf Plausibilität prüfen	15	0
Zahlungen durchführen	15	60
Zahlungseingänge überwachen	10	30
Summe (für ÜNB x 41)	2 050,0	550,0
in Stunden	34,2	9,2
in EUR	3 013,5	808,5
Gesamtaufwand pro Prozessdurchlauf in EUR	3 822,0	

Tabelle 16: Bewertung ÜNB-Verrechnung – funktionszentriert

(Quelle: Eigene Darstellung)

Es wird davon ausgegangen, dass Abrechnungsprozesse in der Regel monatlich stattfinden. Dabei ergibt sich ein Nettobarwert der Aufwände für eine ÜNB-zentrierte Abwicklung von rund 2,2 MEUR.
Werden die Prozessschritte funktionszentriert durchgeführt, beträgt dieser rund 1,1 MEUR.

5.2 Aufwände aus der Implementierung / Migration

Die Aufwände aus der Implementierung der Prozesse bzw. der Migration von bestehenden Prozessen zu den beschriebenen werden hier dargestellt. Diese umfassen sowohl Investitionskosten als auch betriebliche Aufwände aus der Wartung der implementierten Infrastruktur. Betrachtet werden die unterschiedlichen Kosten für die Einführung neuer bzw. Adaptierung bestehender IT-Systeme bei den ÜNB und den Funktionen, je nach Ausgestaltungsvariante der Prozesse.

Es wird dabei davon ausgegangen, dass bei den ÜNB bereits Systeme für die laufende betriebswirtschaftliche Abwicklung vorhanden sind. Dies umfasst Abrechnungssysteme, Kreditoren- und Debitorenmanagement und Systemkomponenten, die nicht im direkten Zusammenhang mit den beschriebenen Prozessschritten stehen. Bei den Funktionen sind diese Systemkomponenten, sofern notwendig, neu zu schaffen.

Die Regelenergiemärkte in Europa sind aktuell noch sehr heterogen strukturiert. Während in einigen Ländern wie Österreich und Deutschland bereits alle Regelungsarten marktbasiert, maximal auf wöchentlicher Basis beschafft werden, wird in anderen Ländern, wie z.B. in Frankreich oder in Ländern Osteuropas, die Netzregelung noch mit gesetzlichen Verpflichtungen und langfristigen Monopolverträgen sichergestellt.[16] Um dennoch eine standardisierte Abschätzung von Kosten treffen zu können, wird angenommen, dass IT-Systeme für die Gestaltung von dem NC EB entsprechenden Regelenergiemärkten von den ÜNB neu anzuschaffen sind.

Die im Folgenden dargestellten abgeschätzten Kosten wurden in einem Expertengespräch mit Hannes Wornig, dem IT-Koordinator der Abteilung Marktmanagement der Austrian Power Grid AG, erarbeitet. Dieses ist im Anhang zu finden. Die in dieser Niederschrift dokumentierten Ausführungen und Ergebnisse sind unten stehend zum Teil im Wortlaut wiedergegeben. Darauf basierend erfolgen weiterführende Berechnung und Bewertungen. Die Darstellung der Kosten erfolgt ein Euro.

Für die Ermittlung der Nettobarwerte der jährlichen Wartungskosten werden die gleichen Annahmen getroffen, wie in der Bewertung der Prozessschritte (Teuerung 3 % p.a., WACC 6,42 %).

5.2.1 ÜNB-Systeme

„Die IT-Systeme der Übertragungsnetzbetreiber müssen in jedem Fall eine volle Ausschreibungsfunktionalität inkl. Zuschlagsalgorithmus beinhalten, um im Notfall die Beschaffung abwickeln zu können. Da es sich allerdings um ein Notsystem handelt, können Ausgestaltungen im Detail unterbleiben. Dies umfasst Funktionen für die einfachere Bedienbarkeit oder Reports. Außerdem muss das System nicht jederzeit verfügbar sein, wodurch etwaige Redundanzen eingespart werden können.

---

[16] Vgl. Mott MacDonald (2013); Seite 24

Die Aktivierung ist in beiden Prozessvarianten völlig ident zu implementieren. Die dargestellten Kosten dafür beinhalten nicht den Regler oder andere netztechnischen Komponenten.
Die Verpflichtung zum Monitoring entsteht aus beiden Prozessvarianten gleichermaßen, wodurch sich auch in beiden Fällen die gleichen Kosten für die Implementierung ergeben.
Bei der Bewertung der Abrechnungskomponente, wurde davon ausgegangen, dass jeder ÜNB bereits ein Kreditoren- / Debitorenmanagement betreibt. Die Kosten hierfür wurden nicht einbezogen. Das gleiche gilt für ein etwaiges Liquiditäts- und Forderungsmanagement.
Eine technische Umsetzung der Veröffentlichung besteht nur bei einer ÜNB-zentrierten Prozessabwicklung, da diese Verpflichtung bei einem funktions-zentrierten System delegiert wird." [17]
Die unten stehende Tabelle stellt die abgeschätzten Kosten für die Systemkomponenten der ÜNB dar.

Systemkomponente	Bei ÜNB zentriertem Betrieb		Bei funktionszentriertem Betrieb	
	Investment einmalig	Wartung jährlich	Investment einmalig	Wartung jährlich
Ausschreibungen	250 000	50 000	200 000	40 000
Aktivierung	150 000	30 000	150 000	30 000
Monitoring	80 000	16 000	80 000	16 000
Abrechnung	60 000	12 000	30 000	6 000
Veröffentlichung	30 000	6 000	0	0
SUMME	570 000	114 000	460 000	92 000

Tabelle 17: Geschätzte Kosten für ein ÜNB-System

(Quelle: Experteninterview)

Der Barwert der Wartungsaufwände beträgt bei einer ÜNB-zentrierten Ausgestaltung 3,3 MEUR, bei einer funktionszentrierten 2,7 MEUR. In Summe ergibt dies 3,9 bzw. 3,2 MEUR an Aufwänden für ein IT-System für einen ÜNB. Hier muss wiederum berücksichtigt werden, dass dieses System von 41 ÜNB zu beschaffen und zu betreiben ist.
In Summe fallen dafür rund 160 MEUR bei ÜNB-zentriertem und rund 130 MEUR bei funktionszentriertem Betrieb an Aufwänden an.

---

[17] Experteninterview (2014)

5.2.2 CPOF System

„Das IT-System der CPOF unterscheidet sich im Investitionsbedarf, v.a. im Hinblick auf die Ausschreibungskomponente stark zwischen den beiden Umsetzungsvarianten. Dies beruht darauf, dass bei einer funktionszentrierten Abwicklung ein vollumfängliches Ausschreibungssystem inklusive einer Stammdatenverwaltung und dem Monitoring von gültigen Präqualifikationen, Kreditlimits und Akkreditierungen aller europäischen BSP zu beschaffen ist. Der Kern des Systems, die Zuschlagsoptimierung, ist hingegen in beiden Varianten ident.

Komponenten für die Abrechnungsvorbereitung und Veröffentlichung fallen nur bei der funktionszentrierten Variante an." [18]

Das ist in der unten stehenden Tabelle dargestellt.

Systemkomponente	Bei ÜNB zentriertem Betrieb		Bei funktionszentriertem Betrieb	
	Investment einmalig	Wartung jährlich	Investment einmalig	Wartung jährlich
Ausschreibungen	25 000	5 000	400 000	80 000
Zuschlags-optimierung	100 000	20 000	100 000	20 000
Abrechnungs-vorbereitung	0	0	30 000	6 000
Veröffentlichung	0	0	30 000	6 000
SUMME	125 000	25 000	560 000	112 000

Tabelle 18: Geschätzte Kosten für das System der CPOF

(Quelle: Experteninterview)

Für das CPOF-System beträgt der Barwert für die Wartungsaufwände 730 TEUR für eine ÜNB- bzw. 3,2 MEUR für eine funktionszentrierte Ausgestaltung. In Summe ergibt das Systemaufwände von 855 TEUR, bzw. 3,8 MEUR.

---

[18] Experteninterview (2014)

5.2.3 TBCF System

„Die TBCF übernimmt ausschließlich die Funktion des Abgleichs der Informationen der Transferpartner und der Weitergabe an die AOF. Das dafür notwendige System ist aufgrund der größeren Anzahl an Schnittstellen bei einer funktionszentrierten Abwicklung teurer, da hier der Kontakt zu den einzelnen BSP direkt hergestellt werden muss und nicht zu deren Connecting TSOs.
Die angegebenen, abgeschätzten Kosten unterstellen keine eigene Stammdatenhaltung, sondern ein zentrales Stammdatenmanagement bei der CPOF und ein Austausch mit der TBCF und den anderen Funktionen." [19]
Die abgeschätzten Kosten sind in der Tabelle unten dargestellt.

Systemkomponente	Bei ÜNB zentriertem Betrieb		Bei funktionszentriertem Betrieb	
	Investment einmalig	Wartung jährlich	Investment einmalig	Wartung jährlich
Matching/ Validierung	30 000	6 000	50 000	10 000
SUMME	30 000	6 000	50 000	10 000

Tabelle 19: Geschätzte Kosten für das System der TBCF

(Quelle: Experteninterview)

Bei Barwerten der Wartungsaufwände von rund 175 bzw. 290 TEUR ergeben sich Gesamtaufwände für das System von rund 205 TEUR bei ÜNB-zentrierter bzw. 340 TEUR bei funktionszentrierter Prozessabwicklung.

5.2.4 AOF System

„Im IT-System der AOF ist die Aktivierungsoptimierung die wichtigste und auch teuerste Komponente. Diese Grundfunktion ist für beide Ausführungsvarianten mit den gleichen Investitionskosten bewertet.
Auch die Abgabe von Energiegeboten wird in etwa als gleich komplex angesehen, auch wenn diese in der funktionszentrierten Ausgestaltung, aufgrund einer höheren Anzahl von Schnittstellen, etwas teurer eingeschätzt wird. Hier wird erneut angenommen, dass keine eigene Stammdatenverwaltung erfolgt und auch Synergien mit der Gebotsabgabefunktion der CPOF genützt werden.

---

[19] Experteninterview (2014)

Abrechnungs- und Veröffentlichungsfunktionen fallen bei einer ÜNB-zentrierten Abwicklung nicht an." [20]
Die Aufstellung der abgeschätzten Kosten erfolgt in der unten stehenden Tabelle.

Systemkomponente	Bei ÜNB zentriertem Betrieb		Bei funktionszentriertem Betrieb	
	Investment einmalig	Wartung jährlich	Investment einmalig	Wartung jährlich
Abgabe Energiegebote	25 000	5 000	30 000	6 000
Aktivierungs-optimierung	2 000 000	400 000	2 000 000	400 000
Abrechnungs-vorbereitung	0	0	50 000	10 000
Veröffentlichung	0	0	40 000	8 000
SUMME	2 025 000	405 000	2 120 000	424 000

Tabelle 20: Geschätzte Kosten für das System der AOF

(Quelle: Experteninterview)

Für das IT-System der AOF ergeben sich Barwerte für die Wartung von 11,8 bzw. 12,4 MEUR. Das ergibt in Summe Aufwände für das IT-System von 13,9 MEUR bei ÜNB-zentrierter und 14,5 MEUR bei funktionszentrierter Ausgestaltung.

5.2.5 INPF System

„Sowohl das Kernelement dieses IT-Systems, die Netting – Optimierung, als auch die Abrechnungsvorbereitung müssen in beiden Ausführungen gleich beschaffen sein und unterscheiden sich deshalb nicht in den Kosten.
Ein Veröffentlichungsmodul ist nur bei einem funktionszentrierten Betrieb notwendig." [21]
Die unten stehende Tabelle zeigt die abgeschätzten Kosten.

---

[20] Experteninterview (2014)
[21] Experteninterview (2014)

Systemkomponente	Bei ÜNB zentriertem Betrieb		Bei funktions-zentriertem Betrieb	
	Investment einmalig	Wartung jährlich	Investment einmalig	Wartung jährlich
Netting-Optimierung	1 000 000	200 000	1 000 000	200 000
Abrechnungs-vorbereitung	25 000	5 000	25 000	5 000
Veröffentlichung	0	0	10 000	2 000
SUMME	1 025 000	205 000	1 035 000	207 000

Tabelle 21: Geschätzte Kosten für das System der INPF

(Quelle: Experteninterview)

Der Barwert der Wartungskosten für das System der IPNF beträgt in beiden Varianten der Ausgestaltung rund 6 MEUR, die Gesamtaufwände für das IT-System rund 7 MEUR.

5.2.6 TTSF System

„Im TTSF-System bildet die Abrechnungsfunktion den Kern. Hier werden die eingehenden Daten, entweder von den ÜNB oder von den Funktionen, zu Abrechnungsunterlagen zusammengeführt, nach denen die Verrechnung erfolgen kann. Diese Komponente ist für beide Ausgestaltungsvarianten gleich kosten-intensiv.
Im Unterschied zu den ÜNB kann bei der neu zu schaffenden TTSF nicht davon ausgegangen werden, dass bereits ein System zum Managen von Kreditoren und Debitoren und der damit verbundenen Risiken besteht. Dies wäre für eine funktionszentrierte Ausgestaltung der Prozesse neu anzuschaffen. Dies beinhaltet auch die Funktionen des Clearings in der Rolle als zentrale Counterparty in der Verrechnung und Risikoverteilung."[22]
Diese Annahmen finden sich in den in der unteren Tabelle dargestellten Kosten wieder.

---

[22] Experteninterview (2014)

Systemkomponente	Bei ÜNB zentriertem Betrieb		Bei funktionszentriertem Betrieb	
	Investment einmalig	Wartung jährlich	Investment einmalig	Wartung jährlich
Abrechnung	100 000	20 000	100 000	20 000
Kreditoren- / Debitoren-management & Clearing	0	0	500 000	100 000
SUMME	100 000	20 000	600 000	120 000

Tabelle 22: Geschätzte Kosten für das System der TTSF

(Quelle: Experteninterview)

Für dieses IT-System ergibt sich bei einer ÜNB-zentrierten Ausgestaltung ein Barwert der Wartungsaufwände von rund 580 TEUR, bei einer funktions-zentrierten Ausgestaltung rund 3,5 MEUR. Dies führt zu Gesamtaufwänden für das IT-System von 680 TEUR bzw. 4,1 MEUR.

5.3 Abschließende Bewertung

Sowohl in der Betrachtung der Prozessabläufe, als auch bei der Betrachtung der Anschaffung und Wartung der notwendigen IT-Systeme erweist sich eine funktionszentrierte Ausgestaltung als die günstigere.

Der Aufwand für die Durchführung der Prozesse beträgt für die funktions-zentrierte Abwicklung in Summe nur rund 40 % der ÜNB-zentrierten. Dies macht einen Unterschied von rund 33,5 MEUR aus. Hier ist zu beachten, dass die Aufwände für die Beschaffung von Leistungsvorhaltung dreifach berücksichtigt sind (FCR, aFRR und mFRR bzw. RR), jene für das Einholen von Energiegeboten doppelt (aFRR und mFRR bzw. RR).

Die absolute Differenz ist bei der Betrachtung der IT-Systemkosten mit 23 MEUR in einer vergleichbaren Größenordnung. Relativ betrachtet machen aber die Kosten bei einer funktionszentrierten Abwicklung rund 87 % der ÜNB-zentrierten Abwicklung aus.

In Summe beträgt der Unterschied zwischen einer ÜNB-zentrierten und einer funktionszentrierten Ausgestaltung rund 56 MEUR, wobei die funktions-zentrierte um rund 24 % günstiger ausfällt.

Die Aufstellung der einzelnen Positionen ist in der unten stehenden Tabelle ersichtlich.

	ÜNB zentriert	Funktionszentriert
Prozesse:		
Leistungsvorhaltung beschaffen	15 600 000	6 300 000
Transferhandel durchführen	62 000	54 000
Energiegebote einholen	28 600 000	13 800 000
Verrechnung mit den ÜNB der CoBA	2 200 000	1 100 000
Veröffentlichung von Beschaffungsergebnissen	9 800 000	1 500 000
Summe Aufwände für Prozessdurchführung	56 262 000	22 754 000
IT-Systeme:		
ÜNB	160 000 000	130 000 000
CPOF	855 000	3 800 000
TBCF	20 5000	34 0000
AOF	13 900 000	14 500 000
IPNF	7 000 000	7 000 000
TTSF	680 000	4 100 000
Summe Aufwände für IT-Systeme	182 640 000	159 740 000
Gesamtsumme der Aufwände	238 902 000	182 494 000

Tabelle 23: Gegenüberstellung der Gesamtaufwände

(Quelle: Experteninterview)

Diese Darstellung beinhaltet nicht die vollständigen Kosten für die Prozessabwicklung und die Systemkosten. Es sind nur jene Komponenten und Prozesse dargestellt, die sich je nach Ausgestaltungsvariante der Prozesslandschaft unterscheiden.

6 Conclusio / Diskussion der Ergebnisse

Die in dieser Masterarbeit dargestellten Prozessalternativen nehmen zwei extreme Standpunkte ein. In der einen dargestellten Ausgestaltungsalternative stehen die Tätigkeiten ÜNB im Vordergrund. Es soll sich so wenig wie möglich am Status Quo ändern. Neben der Verantwortung für die Netzregelung bleiben auch die operativen Tätigkeiten der Beschaffung, Verrechnung und Veröffentlichung in einem maximal möglichen Rahmen bei den ÜNB. Als Alternative dazu wurde eine Prozesslandschaft dargestellt in der diese operativen Tätigkeiten so stark wie nur möglich delegiert werden. Die im Networkcode on Electricity Balancing definierten Funktionen in einer CoBA würden diese übernehmen.

Die Arbeit zeigt, dass es ein Effizienzpotenzial gibt, wenn die Prozesse zentral durchgeführt werden. Jener Effekt, der diese Potenziale am stärksten bedingt ist der Multiplikator Effekt bei den ÜNB. Ein vergleichsweise kleiner Mehraufwand für einen ÜNB bei einer ÜNB-zentrierten Prozessgestaltung stellt sich so in der Gesamtbetrachtung des Systems als substanziell dar.

Unklar ist jedoch, inwieweit es möglich sein wird, eine solche Ausgestaltung europaweit umzusetzen. Die ÜNB müssten dazu einige ihrer Kernaufgaben an zentrale europäische Entitäten abgeben. Dies könnte sich als politisch herausfordernd erweisen, vor allem die Frage betreffend, welche ÜNB welche Funktionen und damit Kompetenzen übernehmen sollen.

Der Networkcode lässt darüber hinaus einige für die Prozessgestaltung wichtige Punkte für Interpretationen offen. Sollen zum Beispiel jegliche zeitliche Überschneidung zwischen dem Intradayhandel und den Regelenergiemärkten unterbleiben, bedeutet dies einen viertelstündlichen Gebotsabgabeprozess für Energiegebote. In diesem Fall muss jeder ÜNB und jeder BSP Personal und Infrastruktur für einen 24-Stunden Handel, 7 Tage die Woche zur Verfügung stellen. Ist von dieser Regelung jedoch nur die BEGCT betroffen, können Gebote von Seiten der BSP auch schon davor abgegeben werden. Eine ständige Verfügbarkeit wäre dann nur bei jener Entität erforderlich, welche die Energiegebote entgegennimmt. Diese Aufwände sind der gegenständlichen Masterarbeit nicht berücksichtigt.

Der Networkcode on Electricity Balancing stellt einen Meilenstein in der Liberalisierung der europäischen Regelenergiemärkte dar. Er setzt den Rahmen für die weiteren, notwendigen Entwicklungen in diesem Bereich. Es bleibt abzuwarten wie diese Rahmenregelungen in der operativen Umsetzung von den betroffenen Parteien Interpretiert und ausgestaltet werden. Dazu gehören die Europäische Kommission, ACER, ENTSO-E, die nationalen Regulierungsbehörden und nicht zuletzt die einzelnen Übertragungsnetzbetreiber.

Quellenverzeichnis

Agency for the cooperation for Energy Regulators. Website der ACER. [Online] [Zitat vom: 15. Februar 2014.] http://www.acer.europa.eu/Electricity/FG_and_network_codes/Pages/Backgroun d-and-timeline.aspx.

Austrian Power Grid AG. 2014. Preisliste der Austrian Power Grid AG, gültig ab10.06.2014. Wien : s.n., 2014.

—. Website der Austrian Power Grid AG. [Online] [Zitat vom: 19. Juni 2014.] http://www.apg.at/de/markt/netzregelung/sekundaerregelung/inc.

Becker, Jörg, Kugeler, Martin und Rosemann, Michael. 2008. *Prozessmanagement - Ein Leitfaden zur prozessorientierten Organisationsgestaltung.* Berlin : Springer, 2008.

Consentec GmbH. 2008. *Gutachten zur Höhe des Regelenergiebedarfs.* Bonn : s.n., 2008.

Das Europäische Parlament; Der Rat der Europäischen Union. 2009. *Verordnung (EG) Nr. 713/2009 des Eruopäischen Parlaments und des Rates vom 13. Juli 2009 zur Gründung einer Agentur für die Zusammenarbeit der Energieregulierungsbehörden.* Brüssel : s.n., 2009.

—. **2009.** *Verordnung (EG) Nr. 714/2009 des Europäischen Parlaments und des Rates vom 13. Juli 2009 über die Netzzugangsbedingungen für den grenzüberschreitenden Stromhandel und zur Aufhebung der Verordnung (EG) Nr. 1228/2003.* Brüssel : s.n., 2009.

EPEX Spot. Website der EPEX Spot. [Online] [Zitat vom: 19. Juni 2014.] http://www.epexspot.com/de/produkte/intraday-handel/osterreich.

European Network of Transmission System Operators - Electricity. 2013a. *Networkcode on Electricity Balancing.* Brüssel : s.n., 2013a.

—. **2013b.** *Supporting Document for the Network Code on Load-Frequency Control and Reserves.* Brüssel : s.n., 2013b.

—. **2009.** *UCTE Operation Handbook Policy1: Load Frequency Control.* Brüssel : s.n., 2009.

—. Website der ENTSO-E. [Online] [Zitat vom: 23. Juni 2014b.] https://www.entsoe.eu/about-entso-e/inside-entso-e/member-companies/Pages/default.aspx.

—. Website der ENTSO-E. [Online] [Zitat vom: 11. August 2015.] https://www.entsoe.eu/major-projects/network-code-development/latest-updates-milestones/.

Geyer, Alois, et al. 2009. *Grundlagen der Finanzierung.* Wien : LINDE VERLAG Wien Ges.m.b.H, 2009.

Mott MacDonald. 2013. *Impact Assessment on European Electricity Balancing Market.* Brighton : s.n., 2013.
Oesterreichs Energie. Website von Oesterreichs Energie. [Online] [Zitat vom: 23.06.2014. Juni 2014.]
http://oesterreichsenergie.at/energiepolitik/einfuehrunggrundlagen-netze/stromnetze-inhaltliche-schwerpunkte-der-dritten-regulierungsperiode.html.
Spring, Eckhard. 2003. *Elektrische Energienetze, Energieübertragung und Verteilung.* Berlin : VDE Verlag GmbH, 2003.
Wornig, Hannes. 2014. *Experteninterview.* Wien, 23. 06 2014.